井筒变形监测
理论与方法

王坚　高井祥　编著

WUHAN UNIVERSITY PRESS
武汉大学出版社

图书在版编目(CIP)数据

井筒变形监测理论与方法/王坚,高井祥编著.—武汉：武汉大学出
版社,2018.4

ISBN 978-7-307-20093-7

Ⅰ.井…　Ⅱ.①王…　②高…　Ⅲ.井筒变形—安全监测
Ⅳ.TD321

中国版本图书馆 CIP 数据核字(2018)第 057838 号

责任编辑:鲍　玲　　责任校对:李孟潇　　版式设计:马　佳

出版发行:武汉大学出版社　(430072　武昌　珞珈山)
　　　　　(电子邮件:cbs22@whu.edu.cn　网址:www.wdp.com.cn)
印刷:虎彩印艺股份有限公司
开本:720×1000　1/16　印张:16.75　字数:249 千字　插页:1
版次:2018 年 4 月第 1 版　　2018 年 4 月第 1 次印刷
ISBN 978-7-307-20093-7　　定价:40.00 元

前　言

井筒是一个矿井的"咽喉"部分,作为煤炭生产的主要通道,其正常运行是保证矿井安全生产的重要环节之一。井筒在其运营期间,将不可避免地受到多相采动及其他工程因素的综合影响,从而导致物理性质及力学方面的变化,引起井筒持续变形,甚至诱发井壁破坏。井筒变形超过一定限差后,将对提升系统产生威胁,影响煤矿安全生产。

随着科学技术的发展,井筒变形监测的手段不断进步,从传统人工测量到集成传感器再到卫星定位测量等多元化监测技术。但受到传感器本身精度的影响,加之矿井环境异常复杂,高精度可靠的井筒变形监测方法仍然值得深入研究。国内外研究井筒变形监测与数据处理的著作少之又少。本书是作者根据自己近 20 年的井筒变形研究(科研与实践)成果提炼而成的。本书系统阐述了采用水准测量、卫星定位测量进行井筒变形监测的过程;介绍了井筒倾斜变形监测、中线变形监测的方法;提出了井筒垂直变形特征与灰色预测模型;针对井筒动态变形监测数据,提出了卫星监测变形提取模型,并介绍了基于卫星与加速度计的井筒自振频率分析技术;提出了井筒变形预警与完备性监测模型;最后,研发出井筒变形模拟系统,用于变形数据的模拟与分析。

本书得以付梓,要感谢以下同学们兢兢业业致力于井筒变形监测与数据处理方面的研究工作:韩厚增、宁一鹏、王川阳、李浩博、李磊、余航、王世达、李增科、彭祥国、姚丽慧、秦长彪、唐艳梅、钱荣荣、杨海潮等,没有他们的参与就没有本书的出版。另外,还要感谢余学祥教授、张书毕教授、郑南山教授、张安兵教授,许长辉、刘超、谭兴龙等老师们的付出与所做的工作,在此表示衷心的感谢!

1

　　本书有关科研工作的完成得益于国家自然科学基金（编号：40774010）、中澳科技合作特别基金（编号：50810076）、高等学校博士学科点专项科研基金（20040290503）、江苏省自然科学基金（BK2009099）及部分煤炭企业的科研项目资助，谨在此一并致谢。

　　由于作者水平和知识面有限，本书中仍可能有不妥与疏漏，恳请读者予以批评指正。

作者

2017 年 5 月 8 日

目　　录

第1章 绪　　论

随着矿区开采深度加大,冲击地压威胁日益严重,进行矿区变形的预测预报就变得愈加重要。目前,矿井安全事故频发,我国每年因矿难造成的死亡人数达上千人,直接经济损失达几十亿元。矿区常见的典型灾害事故有:瓦斯爆炸事故、矿井透水事故、冒顶事故、井壁破裂事故,等等。

其中,井筒是一个矿井的"咽喉"部分,作为煤炭生产的主要通道,其正常运行是保证矿井安全生产的重要环节之一。因为在运营期间,井筒将会不可避免地受到多相采动以及其他工程因素的影响,从而导致物理性质力学方面的变化,进而诱发井壁破坏。此外,地应力变化或者地震等同样会导致井筒破坏。如果井筒出现变形,必然导致严重的安全隐患。井筒形变破裂导致的危害有涌水、涌沙、掉块、罐道扭曲变形等,每年抢险加固造成的经济损失数亿元。一般可采用缩小井筒净直径的办法来减少井壁破裂危害,但那样会直接限制井筒的提升作业能力。

2010 年 8 月 5 日,智利北部圣何塞铜金矿井壁破裂,发生严重塌方事故,导致 33 名矿工被困 700 米深的地下。历经长达 69 天的漫长营救,被困矿工终于获救。2014 年,莫桑比克北部一处非法矿井由于安全措施不完善,缺乏监测,不幸发生坍塌事故,数十名矿工被困井下。2015 年 12 月 25 日,临沂市平邑县一石膏矿因临近的废弃石膏矿采空区坍塌引发事故,4 号提升井井壁破裂坍塌,14 名工作人员被困井筒中。

变形是判断井筒是否安全的重要指标,也是进行井筒维修的依据。由于引起井筒变形破坏的机理复杂,再加上井下工作环境恶劣,监测点众多且分散,很难在矿井变形方面实现全面、精确的监测。因此,研究矿山井筒变形的监测方法、变形数据处理分析模型,对井筒变形进行合理监测,精确确定井筒变形的幅度方向及位置信息,进行井筒变形预报预警是制定综合治理井筒方案的重要前提,也是矿山安全保障的重要研究内容。

1.1　国内外研究现状

1.1.1　井筒变形监测方法

主副井筒担负着矿井的通风、提升任务,关系着矿井的生产安全命脉,因此很有必要进行井筒变形监测,获得监测数据,为进行合理的支护初始设计提供可靠的依据。立井井筒变形监测由于受观测条件差、时间周期长的影响,为了能在提高监测精度的同时,降低投资成本,有必要对立井筒筒壁变形监测方法进行讨论,求得合理的监测方案。

目前采用的立井井筒变形检测方法大致分两种:一种是基于变形检测理论的几何测量法,另一种是传感器法,它是基于岩石力学的参数检测方法。

基于变形检测理论的几何测量法有基于精密水准变形监测技术、基于钢丝定向的监测方法(倒锤法)、基于激光垂准仪的监测方法、基于 GPS 技术的监测方法等。而传感器法是在井筒内壁上安装传感器,如测斜仪、压力计、应变计等,进而推演井筒的变形情况。以下对各方法逐一介绍:

(1)基于钢丝定向的方法

基于钢丝定向的方法是目前井筒变形监测最可靠的方法,是以在井筒内钢丝锤球构建基准,通过导线传导等方式获取位于钢丝的基准坐标,进而得到内壁上特征点的位置信息,通过对比特征点坐标的变化来分析井筒变形。

(2)基于激光垂准仪的监测方法

基于激光垂准仪的监测方法是以激光垂准仪代替钢丝锤球构建基准,采用测边交会法测量特征点到激光基准中心的距离,并且计算特征点坐标。但是该方法成本较高,而且受到激光发散、激光射程有限的制约,有待深入研究。

(3)基于精密水准变形监测方法

基于精密水准变形监测方法是以精密水准测量为基础,有时也辅以电子经纬仪、全站仪、高精度测距仪等仪器,获取高精度的点位高程和水平偏差。该技术通过定期观测以及比较分析,获取井筒的变形监测信息,达到精密监测的目标。

(4)基于GPS技术的监测方法

井筒变形不是简单的线性,而是多时段非线性的。传统的监测方法是定期地对井筒壁进行监测,并由时段平均值拟合出变形曲线,其缺陷是掩盖了时段内非线性变化。GPS具有实时性和精确性的特点,可对井筒变形监测点进行全天候、连续、同步的三维变形监测。

(5)基于传感器的监测方法

在井下无GPS信号或者视线条件差的情况下,可使用基于传感器的监测方法,例如测斜仪、压力计、应变计、惯性传感器、分布式光纤传感器,等等。该方法主要是将此类传感器安置于井壁进行常态监测,以此获得井壁变形数据,具有敏感性好,精度高等特点,但该类方法造价高,实施方法较为复杂。

此外,针对井筒外部的井塔建筑物,还有井塔倾斜监测技术。这项技术是为了得到井塔的空间位置变化信息,通过偏距差得到倾斜状态,进而推求空间点位的位移信息。作为井筒的地面部分,井塔的变形情况能够深刻地反映出井筒的变形情况。因此,获取井塔的位移信息,对于保证矿山安全生产具有十分重要的意义。

国内对矿山井筒变形监测的研究起步较早,传统的方法主要是利用钢丝定向作为监测基准线直接测量井壁变形,该方法投入少、施测简便且易于各单位独立完成。但由于其测量精度不高,无法监测井壁细微变形,因此,它的广泛使用就受到了限制。随着新技术的出现,逐步发展了利用激光垂准仪替代钢丝垂准仪的监测方法,此外还出现了组合测距仪的监测方法以及精密水准测量的方法。

于志龙等对双激光基准在井筒变形监测中的应用进行了研究,通过布设井筒变形监测网,提出了激光基准的建立和坐标传递的方法,并对其结果进行精度评定,结果表明,激光基准能够代替钢丝锤球基准应用于井筒的变形监测中,并能获得较高的精度。王坚等通过精密水准方法获得累积沉向量,之后运用空间几何来推求某一位置的倾斜状态,进而算出空间点位的水平位移,从而在进行垂直变形监测的同时,也能获得井塔(抑或井壁中某些部位)的水平位移信息。

　　20 世纪 90 年代初,国内有关地学工作者开始将 GPS 技术应用到建筑物、大型基础设施、精密设备等工程变形监测中。近年来,GPS 技术被引入到井筒变形监测中,并因其较高的精度已经逐渐被工程技术人员接受。高井祥等采用 GPS 技术设计矿区井筒变形监测网和实测方案,建立井筒动态变形监测系统,研究利用 GIS 和 GPS 的井筒破坏机理与控制方法,并取得一系列研究成果。卢秀山等曾利用 GPS 对兖矿集团东滩煤矿做过动态变形监测研究,数据成果和分析结果有效。

　　基于压力传感器进行井筒变形监测的方法,国内学者也做了许多相应研究。隋惠权等在考虑立井罐道的偏斜特点及其形态的前提下,研制了罐道测斜仪,检测立井罐道偏斜及弯曲程度,并在阜新矿务局五龙东风井实测井筒偏斜,获得了与钢丝法吻合的结果。张向东等根据工程需要,在鸟山矿副井井筒内壁修复过程中埋设混凝土振弦式应变计进行数据收集,以弹性理论的井壁破坏预测模型为基础,得到了井壁破坏预测的数学模型,进而对井壁的受力变形情况进行了预测分析。黄明利等结合东荣二矿副井井壁治理工程,采用光纤光栅传感技术监测立井井筒受力及变形,确定了光纤监测系统的预警阈值,开发了基于光纤光栅监测的井筒安全状态评价方法和预警系统。

　　针对无 GPS 信号等原因,多源传感器融合监测方法的研究逐渐展开,例如惯性导航元件融合其他传感器的方法也是监测井筒变形的一个新的发展趋势。谭建平等设计了一种捷联惯性导航系统(SINS)/旋转编码器/接近开关组合导航式提升容器状态监测系统,解决了井筒内 GPS 和地磁无法使用的问题,是一个超深井提升容器状态监测的可行方案。

因受井筒内监测环境复杂的影响,测量精度和可靠性很难达到要求,而且全面监测成本昂贵,所以如何利用局部数据和许多假设条件推广到整个井筒、如何确定边界条件和模型来适应井筒复杂环境成为尚待研究的问题。

相比而言,国外矿山井筒监测技术及方法研究起步较早,目前主要集中在变形监测产品的研究,且已有成熟的井筒变形监测产品。例如,德国 DMT 公司采用的矿山井筒惯性测量系统(简称 ISSM)。该测量系统安置在罐笼中,随着罐笼的运动可以较精确地自动测定出罐笼任意时刻的三维坐标,通过测量罐笼坐标的变化计算出罐道偏移,进而推求出井筒移动与变形。意大利 IDS 公司与佛罗伦萨大学合作研发的 IBIS(Image by interferon netric survey) 系统基于微波干涉技术,综合了步进频率连续波技术(SF-CW)、合成孔径雷达(SAR)技术、差分相位干涉测量技术、永久散射体技术等,可用于矿山边坡、矿区山体、地表以及建筑桥梁等微小位移变化量的监测。

此外,三维激光扫描技术同样可用于变形监测。2006 年,苏黎世联邦理工学院 Schäfer 等利用 Leica HDS 1 2500 型三维激光扫描仪测量隧道壁的位移量,从而对隧道进行变形监测研究;Tsakiri 等利用测体上的测量标志验证了三维激光扫描仪可以检测出 ±0.5mm 的变形量;Armesto 等针对古建筑拱桥的变形监测,在没有任何设计参数的情况下,采用三维激光扫描技术,对点云数据采用统计非参数方法处理,从而获取桥拱的精确几何尺寸,以此来分析桥拱的变形。虽然这些新技术应用在矿山井筒、井塔的变形监测研究中的实例还很少,但对于矿区变形监测具有十分重要的理论借鉴意义。

1.1.2 井筒变形监测分析

井筒变形监测数据是常见的变形监测数据,具有动态、多源、多时空、多尺度、非线性、非稳定等特点,不可避免地含有多种误差(噪声)。如何从动态变形信号中剔除噪声影响,提取出真实的形变信息,从而达到更高的测量精度,已成为研究的重点。近年来,国内外许多专家学者针对动态变形监测进行了数据净化处理方面的研究。现代信号处理方法在解决动态变形监测数据噪声并提取变形信息方

5

面已卓有成效,具体方法有:小波分析法、经验模式分解法、FIR 滤波法、卡尔曼滤波法,等等。

在国内,靳奉祥等提出用模式识别的方法进行变形监测数据粗差的识别。戴吾蛟等利用经验模态分解在空间域中将信号分解,以便区分噪声和有用信号,进而用于多路径效应的研究中。武艳强等利用最小二乘配置方法对 GPS 观测值时间序列进行分析,提取出不同频段的信息。王坚等引进二进小波变换理论建立了动态变形信号提取模型,通过与中值滤波方法进行比较,得出二进小波模型提取效果明显优于中值滤波,且二进小波模型能更好地定位粗差。李旋等利用小波滤波去噪法对静态观测数据的残差进行去噪,研究了具有系统性的多路径误差改正模型。张安兵等结合矿区沉陷区地表移动特点,提出小波多尺度降噪-EMD 变形量信息提取,利用小波正交变换进行去噪和提取 EMD 分段信号,再利用 EMD 分解进行变形趋势提取。

在国外,虽然采用 GPS 进行井筒变形监测的研究较少,但类似的研究非常广泛,如 Leach 比较早地研究 GPS 变形数据建模,由于当时技术条件的限制,能检测的最高频率为 1.2Hz;Lovse 等应用 GPS 技术测定加拿大卡尔加里塔(Calgary Tower)在强风作用下的结构动态监测数据,并采用 FFT 变换分析方法得到 0.36Hz 的结构振动频率。Clement Ogaja 等采用小波变换分析方法对新加坡最高建筑物(the Republic Plaza Building)的 GPS-RTK 技术监测的形变数据进行分析,获得建筑物结构自振频率;其次是动态监测数据序列的降噪以及粗差剔除,例如:K.Vijay Kumar 等应用小波降噪和 ARMA 技术去降粗差的方法研究日本中部地区地壳变形的 GPS 变形监测时间序列;Dai 等提出采用独立分量回归分析方法,可处理在采用传统变形监测数据的回归分析方法时,由于模型系数矩阵中的复共线关系产生的病态问题;Chan 等顾及了加速度计对高频变形数据敏感的特性,提出了 GPS 和加速度计的组合数据处理方法,采用 EMD 和卡尔曼滤波方法进行数据分析,有效提高了被监测体的整体变形监测数据的精度;卡尔曼滤波方法以其能够实时处理时变观测数据获得最优状态估计结果,已成为处理变形监测数据的重要手段之一。上述方法不仅在桥梁、高楼等建筑物的变形数据分析中得到了成功应用,其理论与方法同样适用于矿区井筒变形的数据分析。

1.1.3 井筒变形监测预报预警

对变形监测采集的数据进行去噪分析后,最终目的是获取变形体未来某时刻的变形量,即变形预报。当预报的变形量超过一定阈值时,系统将作出变形预警。因此,如何构建能度量变形状态的合理表达式,并拟定准确的空间场整体变形预警指标,具有非常重要的现实意义。多年来,预报模型有已成经典的理论,比如时间序列法、灰色系统理论等;有新兴的如神经网络法及卡尔曼滤波法等。另外,人工智能的出现,可以有效解决非线性系统的形变预报。

时间序列分析具有较强的系统辨识与分析能力,能有效处理动态数据。它在变形数据处理中应用比较广泛。但是在对变形序列进行建模时,采用的是自动搜索的办法,使得模型在随着数据量增大时计算量也成倍增大,这严重影响了计算速度,并且有时由于病态方程组或其他问题的存在而使得模型无法建立。

灰色系统理论是将时间序列看作在时间和空间内变化的灰色过程,通过对原始时间序列的整理来寻求其变化规律,使得无规序列变换成有规序列,以便于进行分析。该方法在变形数据预报中的应用同样比较广泛。但是灰色系统本身没有很强的并行计算能力,对于突变信息很难把握,微小变化都可能使得系统重新计算,这是灰色理论在实际应用中很大的不足,而且它对灰色信息的处理不够缜密,数学理论不够完善,有待改进。

人工神经网络(Artificial Neural Network,ANN)是一种模拟人类思维的方法,由大量神经元组成。高度并行性、非线形性等使得其对于处理非线性问题具有很强的能力,那么无疑对变形体的数据预报是有效的。卡尔曼滤波法是目前应用最为广泛的实时动态数据分析方法,能够根据前一时刻状态向量的估值与新一时刻的测量数据,推算出新一时刻状态向量估值的递推方法。可以把随机出现的干扰滤掉,使得观测到的数据和真实的数据达到最佳吻合。卡尔曼滤波法把消噪与预报结合在一起,在确定的模型下只需要少量的数据就可以进行动态滤波与预测,且效果较好。

栾元重等针对金桥煤矿副井井筒涌沙事故,对副井附近布设了GPS监测网,利用井筒倾斜观测的方法,建立了灰色线性运动方程,做到井筒变形的预测预报。邓兴升等针对静态神经网络的泛化能力差,模型不能不断地适应新增样本的变化,提出了动态神经网络预报模型,从而缩短计算时间,同时提高预报精度,可以应用于在线实时变形预报及相关领域。王坚等通过构建变形时间序列的累积和检验统计量,建立双边累积和短期预警模型,给出了预警值的确定方法。并在此基础上,提出了构筑物短期预警完备性监测算法,并将其应用于实测GPS变形数据的预警。尹晖等将彼此关联的多个变形监测点纳入整体建模,将单点的变形分析扩展到空间多点的整体变形分析,采用非等间距等距化处理的改进方法,建立了基于非等间距的多点变形预测模型,解决了非线性时空整体变形分析与预测问题。

Willsky采用粗差敏感度滤波及多元假设滤波法用于探测时变数据中出现的突变量,结合假设检验方法,在理论分析的层面上为准确测定变形时间、大小等变形数据预警提供了基础;Mertikas采用累积和检验并结合实测GPS数据进行变形体微小变形的探测,可为变形预警提供必要的数据检测手段。

1.2 研究趋势

国内外对井筒变形监测与数据处理理论、方法与技术的相关研究尚不够深入和系统。相关领域的变形数据处理与预报理论对井筒变形监测数据的处理与预报分析具有重要的借鉴价值。但煤矿井筒的地质条件复杂,伴生灾害多,研究还不够透彻、深入。总体来讲,GNSS、加速度计、应力应变计以及光纤传感器等新的变形传感技术已逐步成为井筒变形监测的主要手段与方法,可用于指导井筒注浆治理与预警。但是高精度井筒变形监测,尤其是三维变形监测仍然面临巨大挑战。井筒变形数据的属性与内在规律建模具有很大的难度,变形预报预警精度及可靠性有待进一步提高。

1.3 研究内容

本书对矿山井筒变形的监测方法、变形数据处理分析模型,以及井筒变形监测数据的预报预警进行了系统介绍和总结,如图 1-1 所示。系统阐述了国内外井筒变形监测的研究现状及发展趋势。对四种主流的井筒变形监测技术进行了详细介绍,分别是井筒变形精密水准监测技术、卫星控制监测技术、井塔倾斜变形监测技术、井筒中

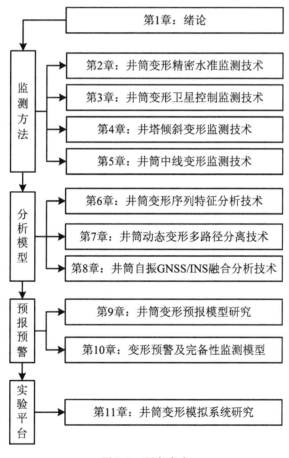

图 1-1 研究内容

线变形监测技术,并给出了相应案例进行说明,详细介绍了包括监测方案设计、外业施测、数据处理等内容。

多种变形监测手段获取的变形数据序列,其随时间变化的过程是复杂的非线性、动态过程,针对这些特性,分别从变形特征分析、动态变形提取技术和自振频率分析技术三个方面,对动态变形数据建立合适的数据分析模型,以获得不含噪声或趋势项的变形监测序列,从而有效提高监测结果的精度、稳定性和可靠性,为进一步的变形模拟和预报、预警提供数据基础。

最后,针对变形预报开展了大量的研究工作,也提出了诸多预警方法与数据处理模型,构建了短期预警体系,提出了变形完备性监测理论。设计并研发了井筒变形模拟装置,用于 GPS、加速度计等传感器的监测实验,验证井筒变形监测理论与模型的正确性。

第 2 章　井筒沉降精密水准监测技术

  水准测量是井筒沉降监测的最基本,也是精度最高,效果最可靠的方法之一。煤矿井筒穿越不同岩性的岩层,很容易受到地下水的使用、围岩变形的影响,导致井筒下沉,对生产提升和安全造成重大影响。采用水准测量直接测量井筒或者井筒固连的控制点沉降变形,进行变形分析,是井筒安全的重要保障之一。本章将对井筒沉降变形监测方案的设计、实施进行详细阐述,并给出山东某矿井筒沉降监测实例。

2.1　井筒沉降监测设计

2.1.1　作业依据

  井筒沉降监测可参照建筑物沉降监测方案进行设计。早期使用的规程包括中华人民共和国建设部发布的行业标准《建筑变形测量规范(JGJ8—2007)》,不同时期使用的规程略有不同,但基本内容一致。相关的标准还包括:
  ①《国家一、二等水准测量规范(GBT 12897—2006)》,2006 年10 月 1 日实施;
  ②《工程测量规范(GB 50026—2007)》,2008 年 5 月 1 日实施;
  ③《建筑变形测量规范(JGJ 8—2016)》,2016 年 12 月 1 日实施;
  ④《煤矿测量规程(1989 版)》、《煤矿测量规程(2013 版)》。

2.1.2　高程系统

  "1956 年黄海高程系",简称"黄海基面",系以青岛验潮站 1950

年至1956年验潮资料算得的平均海面为零的高程系统,相应的水准原点高程为72.289m。"1985国家高程系统"是以青岛验潮站1952年至1979年的潮汐观测资料为计算依据,相应的水准原点高程为72.260m,形成共有292条线路、19931个水准点的覆盖全国的高程基础控制网。

2.1.3 点位设计

变形监测网中设计点位可以分为基准点、工作基点和监测点三类。

（1）基准点

基准点就是平面控制点,数目不应少于3个,首先应该充分利用原有的水准点。如果基准点数目不足,需要根据实际情况加埋基准点,但是埋设点必须是在变形影响区域以外的稳定地区,然后与已有水准点进行联测。

基准点实际埋设前,需要完成技术设计。基准点设计就是根据任务要求和测区情况在地图或者地形图上选定合适的基点,形成水准路线布设方案,因此首先要求搜集测区的相关测绘成果(地形图、水准测量成果等),以便充分了解测区概况。完成图上设计之后,需要进行实地考察选点,最终确定出切实可行的基准点位置、水准路线。

（2）工作基点

工作基点就是监测过程中实际使用的稳定点。如果存在观测条件较好的基准点,可以不设立工作基点,而是直接将基准点视为工作基点。如果没有,按照国家二等水准测量要求加密设置工作基点,工作基点间距控制在200m左右为宜。基准点和工作基点应该形成闭合环或由附合路线构成的节点网。

（3）监测点

监测点应该布设在最能敏感反映物体沉降变化的地点。针对井壁上口,可以沿井筒十字中线方向布设监测点;针对井塔,可以在井塔墙基四周布设监测点,监测点的位置高出室外地坪300mm左右。

另外,基准点、工作基点上标石、标志的选型以及埋设应该符合以下规定:

①基准点的标石应该埋设在基岩层或原状土层中;根据点位所在位置的不同地质条件选埋基岩水准基点标石、深埋双金属管水准基点标石、深埋钢管水准基点标石、混凝土基本水准标石;基岩壁或稳固建筑上可以埋设墙上水准标志。

②工作基点的标石可以按点位的不同要求选用浅埋钢管水准标石、混凝土普通水准标石、墙上水准标志等。

③根据需求建立影像资料,并且绘制点之记。其中,影像资料要能反映标石埋设位置的地物、地貌景观,必要时还应设置指示桩。

2.1.4 水准测量原理

用水准测量的方法确定地面点的高程,首先要测定地面点之间的高差。该法是利用仪器提供的水平视线,在两根直立的尺子上获取读数,来求得该两立尺点间的高差,然后推算高程,如图 2-1 所示。

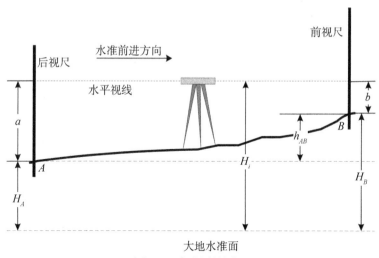

图 2-1　水准测量原理

已知地面 A 点的高程 H_A,欲求 B 点的高程。首先要测定 A、B 两点之间的高差 h_{AB}。安置水准仪于 A、B 两点之间,并在 A、B 两点上分别竖立水准尺,根据仪器的水平视线,先后在两尺上读取读数。按测量的前进方向,A 尺在后,A 尺读数 a 称为后视读数,B 尺在前,

B 尺读数 b 称为前视读数。则 A 到 B 的高差 h_{AB} 为：

$$h_{AB} = a - b \qquad (2\text{-}1)$$

当 b 小于 a 时，h_{AB} 值为正，说明 B 点比 A 点高。当 b 大于 a 时，h_{AB} 值为负，说明 B 点比 A 点低。若已知点 A 的高程值为 H_A，那么未知点 B 的高程值 H_B 等于

$$H_B = H_A + h_{AB} = H_A + a - b \qquad (2\text{-}2)$$

以上利用两点间高差求高程的方法叫高差法，此法适用于由一已知点推算某一待定高程点的情况。在实际工作中，有时要求安置一次仪器测出若干前视点的待定高程，以提高工作效率，此时可以采用仪高法，即通过水准仪的视线高 H_i（简称仪器高程）计算待定点 B 的高程 H_B，公式如下：

$$H_i = H_A + a \qquad (2\text{-}3)$$
$$H_B = H_i - b \qquad (2\text{-}4)$$

在基准点或工作基点上测量监测点高程时采用的通常就是仪器高法。

2.1.5　变形监测网

1.变形监测网设计

井筒沉降变形监测网可以划分为两个布网层次。第一层次为沉降基准网，由基准点和工作基点组成，主要检验沉降基点的稳定性；第二层次为沉降监测网，由基准点、工作基点和监测点组成，利用基准点或工作基点对监测点进行观测，检测监测点的稳定性。各层次网所要求的测量精度相同，第一层次网可比第二层次网监测周期长。

精密水准测量路线必须自行闭合或闭合于高等级的水准点上，与其构成闭合或附合水准路线，以便控制测量误差的积累。

每完成一条水准路线的测量，需要进行往返测，利用高差不符值计算每公里高差中数偶然中误差 M_Δ，公式如下：

$$M_\Delta = \pm\sqrt{[\Delta\Delta/R]/(4n)} \qquad (2\text{-}5)$$

式中，Δ 为测段往返测高差不符值；R 为测段长度；n 为测段数。

每完成一条附合或闭合路线的测量，需要对观测高差进行误差改正，加上有关改正后计算出附合或闭合路线的闭合差。如果构成

水准网的水准环数大于 20,则需计算每公里高差中数的全中误差,公式如下:

$$M_w = \pm\sqrt{[WW/F]/N} \qquad (2-6)$$

式中,W 为加上改正项后的闭合差;F 为水准环路线的长度;N 为水准环数。

2.测量等级及精度

常以中误差与允许误差作为精度的标准,常将两倍中误差视为允许误差值。井筒沉降变形测量一般按变形监测三等精度等级(等同于国家二等水准测量精度要求)规定执行,另有要求的可以按照其他精度等级执行。具体指标值见表 2-1、表 2-2。

表 2-1 测量等级及精度要求

沉降变形测量等级	垂直位移测量	
	沉降变形点的高程中误差(mm)	相邻沉降变形点的高程中误差(mm)
二等	±0.5	±0.3
三等	±1.0	±0.5

表 2-2 垂直位移监测基准网(监测网)的主要技术要求

等级	相邻基准点高差中误差(mm)	每站高差中误差(mm)	往返较差或环线闭合差(mm)	检测已测高差较差(mm)
一等	0.3	0.07	$0.15\sqrt{n}$	$0.2\sqrt{n}$
二等	0.5	0.15	$0.30\sqrt{n}$	$0.4\sqrt{n}$
三等	1.0	0.30	$0.60\sqrt{n}$	$0.8\sqrt{n}$
四等	2.0	0.70	$1.40\sqrt{n}$	$2.0\sqrt{n}$

注:n 为测段的测站数。

3.监测网布施

在沉降观测等级确定,水准基点和监测点均已埋设好后,即可根据现场情况和观测等级布置施测环线:①组成的环线应力求站数最少;②当监测点较多时,可组成几个环线或布设成环内附合线路,但不得附合两次,并使附合连接点避开环线的最弱点;③如个别监测点不便组入环线时,可用中丝法以双镜位进行观测,高程取其平均值,并在环线图上注明。

布设地面沉降水准网以及进行监测的主要目的是查明工程建设区域地面沉降的规模和范围,为研究建设区域的地面沉降提供相关数据资料。沉降水准监测网中,水准监测点的布设和埋石是水准网监测的第一步,也是最重要的步骤,水准监测网的合理布设以及水准监测点的稳定程度直接影响以后的监测成果,建立完善的水准沉降监测网,有利于科学、合理、准确地分析地面沉降状况,因此,沉降监测点合理布设是一个至关重要的环节。

沉降水准监测网布设选点:沉降监测网选点首先要保证埋设的监测点能充分体现沉降信息,所选设的点位能随着周围地面沉降变化而变化,通过监测沉降网中的点位高程的变化值和变化关系来分析该区域的地面沉降状况。

沉降监测网布设埋点:埋设监测点的保护设施主要分为地下保护设施和地面保护设施。地下保护设施为覆盖在监测标志上的水泥盖和保护监测点的水泥管。地上保护措施为覆盖于水泥管上的大水泥盖。最后,填土夯实,达到保护监测点的目的。监测点的建设成果主要为水准点实物成果和水准点点之记资料成果。点之记主要包括水准点位详细位置图、标石断面图、所在位置概略坐标、交通路线、选埋点负责人等详细信息。在选点、埋石的过程中,本着“一次投入、永久享用”的原则把好质量关,在单位内部组成施工组和监理组,对每道工序进行严格的跟踪检查、监理,并以拍照、录像的形式保留原始资料。

沉降监测网监测:地面沉降监测是一项长期任务,每期复测的高程成果只有在同等精度施测的条件下,才能保持可比性,并且地面沉降监测,不同于其他测绘任务,它要求观测路线、观测季节、观测点位、观测仪器和人员都应该相对固定;观测时的环境条件基本一致,保证成像清晰稳定;观测程序和方法要固定。这些要求在客观上能够尽量减少观测误差的不定性,使实测人员所测的结果具有统一的趋向性,观测得到的数据才具有真实可靠性。应按照相关规定保证成果质量,但当地面沉降剧烈时,要在有限短的时间内及时掌握地面变化动态,这就要求监测工作以最快的速度在最短的时间内取得成果,尽可能地避免监测点的浮动影响观测成果。监测工作为一年观测两次,分上半年与下半年各一次,每次间隔约为六个月,上半年一次选在冬灌结束以后夏用开始以前,一般在该控制网的建立将为整个矿区建立高精度、长期稳定、全范围的测绘基准骨架,为以后长期发展提供测绘保障。

2.1.6 技术设计书

设计书内容主要包括:

①工程概述:任务来源、工作范围及工作内容和工期。

②测区自然地理概况、项目基本情况和已有资料情况。

③引用文件。

④成果主要技术指标和规格:坐标系统和高程系统、控制测量精度。

⑤设计方案:主要测量设备和软件、技术路线及工作流程框图、平面控制测量、高程控制测量和提交资料内容。

⑥质量保证措施和要求:管理措施、资源保证措施、质量控制措施、数据安全措施、文明施工和安全生产。

⑦施工组织计划:总体工作方案、人员投入、主要设备投入和工期安排。

2.2 井筒沉降监测实施

2.2.1 仪器设备

精密水准测量主要使用气泡式的精密水准仪、自动安平的精密水准仪、数字水准仪以及相应的因瓦水准尺。我国一等水准测量中,对水准仪的最低精度要求是每公里往返测标准差不大于0.5mm,即DS05或DSZ05;二等水准测量中,对水准仪的最低精度要求是每公里往返测标准差不大于1.0mm,即DS1或DSZ1,其中D表示大地;S

(SZ)表示水准。针对井筒的沉降监测,对水准基点和监测点的测量等级视工程情况而定。进口、国产典型水准仪的品牌、型号以及每公里往返测标准差见表 2-3。

表 2-3　　　　　　　　国内外典型水准仪

进口典型水准仪			
品牌	型号	每公里往返测标准差	
		标准	配合专用尺
拓普康	DL-502	1.0	0.4
徕卡	NA2/NAK2	0.7	0.3
拓普康	AT-B2	0.7	0.5
徕卡	DNA03	1.0	0.3
国产典型水准仪			
品牌	型号	每公里往返测标准差	
		标准	配合专用尺
宾得	AFL320	0.8	0.4
南方	DSZ2	1.0	0.5
苏一光	DS05		0.5
博飞	SZ1032	1.0	0.5

2.2.2　监测周期

观测时要严格按照国家二等水准技术要求施测。沉降基准网的首期观测要求往返测 2 次,其余各期往返测 1 次;沉降监测点的首期观测要求往返测 1 次,其余各期单程观测 1 次,最后取观测结果的中数作为变形测量初始值。监测周期可按以下要求进行:

①首期观测时,观测标志埋设好后,进行第一次全面观测;

②注浆期间观测,视沉降量大小,主副井每两周观测一次;

③全面观测时,每半年进行一次;

④监测期为三年,以后转交矿上继续进行监测,原则上每年进行

一次沉降监测。沉降稳定标准为沉降速率小于 1mm/月。

为将系统误差的影响降到最低,需要满足以下条件:各次观测时使用的仪器与设备为同一台;必须按照固定的观测路线和观测方法进行;观测路线必须形成附合或者闭合路线,严禁采用水准路线或中视法;使用固定的工作基点对应沉降监测点进行观测;对监测点的观测水准路线经过的工作基点或基准点数量不得少于两个。

随时观测记录,随时检核计算,观测需连续完成。如果相邻观测周期的沉降量超过限差或者出现反弹,应该重测并且分析工作基点的稳定性,必要时需与基准点联测加以检测。

2.2.3　测站施测要求

二等水准观测采用光学测微法。首先连续进行各测段的往测,随后连续进行各测段的返测。当在测站上安置三脚架时,应使其中任意两脚与水准路线的方向平行,同时第三脚轮换置于路线方向的左侧或者右侧。由往测转向返测时,两根标尺必须互换位置。观测程序如下:

①往测时,在奇数测站:后—前—前—后;在偶数测站:前—后—后—前;

②返测时,在奇数测站:前—后—后—前;在偶数测站:后—前—前—后。

注意事项:

①观测前,先将仪器整平,找出倾斜螺旋的标准位置(零点)并且做上记号,以便观测中能迅速整平仪器;另外,根据气温的变化及时调整倾斜螺旋的位置。

②除路线拐弯处以外,测站上仪器、前后视标尺三者应该尽可能处于一条直线上。

③同一测站上观测时,不得重复调焦;转动仪器的倾斜螺旋和测微轮时,最后旋转方向均应为旋进。

④每一测段的往测与返测,其测站数均应为偶数,否则需加入标尺零点差改正。由往测转向返测时,两根标尺必须互换位置,并且重新整置仪器。

观测过程中,测站上观测限差见表 2-4;水准测量限差见表 2-5。

表 2-4　测站观测限差表

项目 \ 等级	视线长度		前后视距差（m）	前后视距累积差（m）	视线高度		基辅分划读数的差（mm）	基辅分划所测高差的差（mm）
	仪器类型	视距（m）			视线长>20m	视线长<20m		
二	DS1	≤50	≤1.0	≤3.0	≥0.5	≥0.3	0.4	0.6

表 2-5　水准测量限差表

等级	M_Δ	M_W	检测已知点段测闭合差		路线往返测不符值		线路闭合差		环线闭合差	
			计算值	采用值	计算值采用值		计算值	采用值	计算值采用值	
二	1.0	2.0	$\pm 6.9\sqrt{K}$	$\pm 6\sqrt{K}$	$\pm 4\sqrt{R}$		$\pm 4.5\sqrt{R}$	$\pm 4\sqrt{L}$	$\pm 4\sqrt{F}$	

表中，R 为测段的长度；L 为新测段线路的长度；K 为检测路线的长度；F 为水准环线的周长。上述四项皆以公里计计。

2.2.4 注意事项

精密二等水准测量对仪器、标志、观测条件等都有较高的要求，以下事项需要加以注意，避免观测成果不合格，重复返工等事件的发生。

① 每项工程开测前，应该对所用水准仪和水准尺进行检验和校正，而且在观测过程中仍应定期检校；

② 测前应检查各监测点和水准基点是否符合要求，有无损坏或松动；

③ 观测开始前或观测环境改变时（如由室内迁站到室外），须将仪器在作业环境中架设20分钟左右后再进行观测；观测时应当遮住阳光，不得直晒仪器；视线离建筑物不要过近，避免视线穿过玻璃或烟雾；

④ 雨、雪、大风天气或其他成像不稳定情况下，应当停止野外观测。

另外，要注意的是，现场观测时要及时计算出前后视高差、高差中数以及闭合环线的闭合差。如果闭合差符合要求，把闭合差平均分配后即可得到各测站改正后的高差，再根据改正后的高差和水准基点的高程推算各监测点的高程。计算各监测点的高程前，首先要根据水准基点联测的结果来检查和分析基点是否稳定可靠，目标是选择稳定的水准基点作为沉降水准的高程起算点。

2.3 数据处理与资料提交

2.3.1 数据处理

数据处理时，闭合差、中误差等均满足要求后进行平差计算。同时，选用鉴定合格的软件对水准路线进行严密平差。具体工作包括：

① 观测数据的改正计算、检核计算和数据处理方法。

② 对变形监测的各项原始记录，应及时整理、检查。

③ 规模较大的网，还应对观测值、高程值、位移量进行精度评定。

④ 监测基准网平差的起算点，必须是经过稳定性检验合格的点

或点组。

⑤ 变形监测网观测数据的改正计算和检核计算,监测网的数据处理,可采用最小二乘法进行平差。

⑥ 变形监测数据处理中的数值要满足相应的取位要求,见表 2-6。

表 2-6 数据处理中的数值取位要求

等级	边长(mm)	坐标(mm)	高程(mm)	垂直位移量(mm)
一、二等	0.1	0.1	0.01	0.01
三、四等	1.0	1.0	0.10	0.10

2.3.2 变形分析

对于较大规模的或重要的项目,宜包括下列内容;较小规模的项目,至少应包括从第 1~3 条的内容:

① 观测成果的可靠性。

② 监测体的累计变形量和两相邻观测周期的相对变形量分析。

③ 相关影响因素(荷载、气象和地质等)的作用分析。

④ 回归分析。

⑤ 有限元分析。

2.3.3 资料提交

① 变形监测成果统计表。

② 监测点位置分布图;构建物变形位置及观测点分布图。

③ 沉降曲线图。

④ 荷载、时间、沉降量相关曲线图;垂直速率、时间、位移量曲线图。

⑤ 其他影响因素的相关曲线图。

⑥ 变形监测报告。

2.4 井筒水准沉降监测实例

采用精密水准监测技术对山东某矿主井井筒实施监测,历时三年。主井井筒共进行了 28 期观测,水准基点进行了 9 期观测。

2.4.1 监测基准网布设

基准点的位置应离开被监测建(构)筑物 100m 左右,选在工业广场中的较稳定区域,主副井监测区可选 J10、J11 和 J12 作基准点,冷水塔、洗煤厂、单身公寓楼各选 3 个点作为基准点,共计 12 个基准点。

4 个监测区域间的基准点,经由厂区道路上埋设的 9 个中间点,与某矿基上、某矿食堂等水准点构成网状。基点的平面坐标用 GPS 施测,高程用二等水准方法施测。

基准点布置及连网方案如图 2-2 所示。

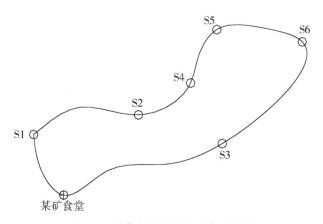

图 2-2 垂直变形监测基准点示意图

2.4.2 主井监测网布设

主井井塔为钢筋混凝土框架结构,始建于 1981 年,为一底边呈正方形的塔形建筑,井塔高约 68m,井塔基础为箱式结构,主井为摩擦提升。井塔周围建筑物较多,给监测点布置带来较大困难。根据研究需要及井塔内外环境的实际情况,以 J10 点作为基准点,采用如下监测网布设方案:

① 主井壁上口沉降监测：在主井壁上口东、北大致沿井筒十字中线方向，布置2个沉降监测点 ZE 和 ZN（西、南方向因建筑物限制无法布点），用于主井壁上口沉降监测。

② 主井井塔沉降监测：在主井井塔外墙基础的四周，布置6个监测点，监测点的位置高出室外地坪 300mm 左右。

③ 主井附近地表垂直变形监测：由于主井井塔附近，地面建（构）筑物比较多，监测点布置困难，因此在井塔北、南、西三个方向设点，形成三条观测线，监测点距墙 20~60m，共14个。具体布设方案如图2-3所示。

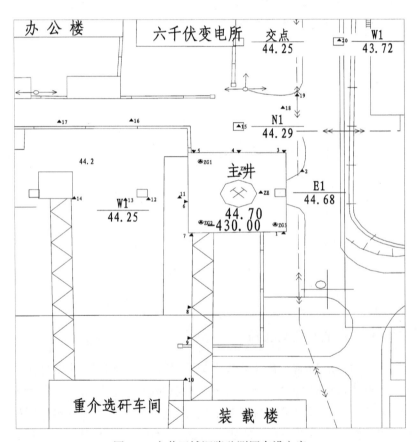

图2-3　主井区域沉降监测网布设方案

2.4.3 数据处理与分析

由于矿区复杂的环境,水准基点并不一直保持稳定,因此,要对水准基点进行定期观测,以便对其他监测网的结果进行修正。工业广场水准基点控制测量对应的专题图如图 2-4 所示。

图 2-4 工业广场水准基点控制测量对应的专题图

对水准数据进行保形插值和三次多项式插值,对沉降监测数据进行拟合,可以得到各沉降监测点的沉降过程曲线。主井壁上口 ZE 和 ZN 点沉降监测过程曲线如图 2-5、图 2-6 所示。

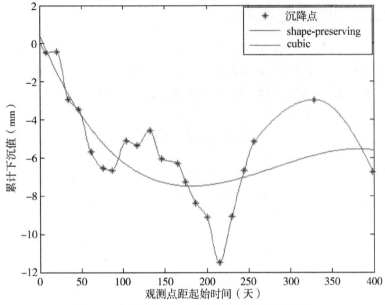

图 2-5　主井壁上口 ZE 号水准点沉降过程曲线

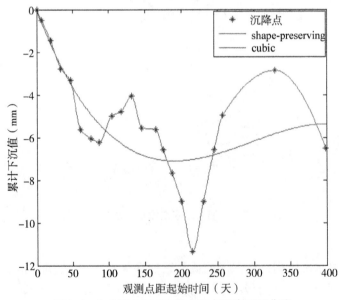

图 2-6　主井壁上口 ZN 号水准点沉降过程曲线

为了从沉降数据中提取出变形信息,通过相应软件做出主井及周围沉降的梯度向量及等值线图,如图 2-7、图 2-8 所示,我们可以了解到沉降的方向和沉降的幅度,供矿区井筒安全生产参考。

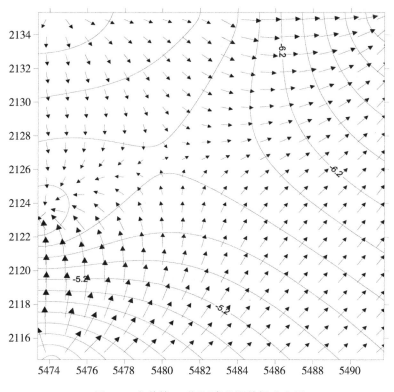

图 2-7 主井第 10 期沉降监测数据分布图

从图中可以看出,主井第 10 期变形较复杂,变形方向呈现多样化形式,变形幅度较小,然而到了第 17 期,主要呈现向外的沉降趋势,沉降趋势变大。

由图 2-9、图 2-10 可知,第 18 期主井沉降呈现单峰单向形式,靠近变形中心区域,沉降量变化加快。由第 28 期主井沉降图中可知,井筒变化呈现多峰性,在不同方向上均有不同等级的沉降变化。

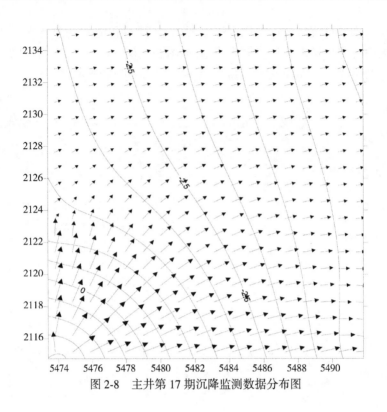

图 2-8　主井第 17 期沉降监测数据分布图

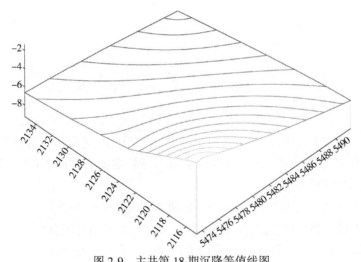

图 2-9　主井第 18 期沉降等值线图

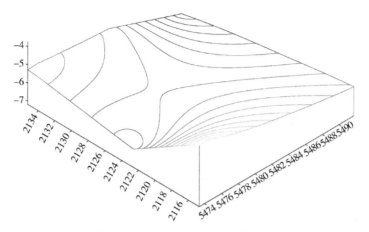

图 2-10 主井第 28 期沉降等值线图

2.5 本章小结

随着变形监测技术的发展,精密水准监测技术仍然是目前沉降监测的主要手段。它具有灵活性强,能够适应不同精度、环境下的变形监测,测量的精度高,监测的范围大,能够有效地获取变形体的绝对位移量等优点。对于井筒变形监测来说,监测条件较为复杂,精密水准监测技术以其监测优势,仍将发挥其重要作用。本章系统阐述了井筒水准沉降监测实施方案的具体流程,可为实际作业提供参考依据。

第3章 井筒变形卫星控制网监测技术

高精度 GNSS 控制测量网井筒变形监测是一种典型的静态变形监测方案。相比于传统水准变形监测方法，卫星控制网变形监测的监测点通常布设在井筒顶部，可进行全天候观测。本章主要介绍 GNSS 控制网井筒变形监测的方案设计、野外施测、数据处理及变形分析模型，并给出井筒变形卫星控制网监测技术的实际应用案例。

3.1 GNSS 控制网变形监测基准

3.1.1 GNSS 控制网监测基准

1. 空间基准

GNSS 控制网点位通常采用地心地固坐标系，一般选用世界大地坐标系（World Geodetic System 1984，WGS-84）。在进行变形分析时，可在 WGS-84 的坐标系统和高斯平面直角坐标系统中进行。当要求 GNSS 监测成果与其他方法的监测成果进行比较时，需要采用我国独立的坐标系，如 1980 西安坐标系、CGCS2000 坐标系，进行坐标转换。

进行坐标转换时，应选择适当的坐标系统。尽量采用国家统一规定的高斯投影 6°带或 3°带坐标系统。坐标系统的选择应满足投影长度变形值不大于 2.5cm/km 的要求。当长度变形值不大于 2.5cm/km 时，采用高斯正形投影 3°带的平面直角坐标系统；当长度变形值大于 2.5cm/km 时，可以采用地方独立坐标系统，可采用如下方案：

① 以抵偿高程面作为投影面，以国家统一坐标系中的 3°带中央

子午线作为独立坐标系投影带的中央子午线。

② 以测区的平均高程作为投影面,以通过测区中心的子午线或其他子午线作为独立坐标系投影带的中央子午线。

所谓抵偿高程面,就是选择一个合适的投影面,使实地长度归化到抵偿面上长度的减少值与抵偿面上的长度归化到高斯平面上的增加值相等,保证了实地长度与高斯平面上的距离一致。当 GNSS 测量的高程值转换成正常高时,其高程系统应采用 1985 国家高程基准或沿用 1956 年黄海高程系统。对于远离国家水准点的测区,经上级主管部门批准,可暂时沿用或建立地方高程系统。

2. 时间基准

GNSS 测量采用 GNSS 时间系统。GNSS 时间系统采用原子时 TAI 秒长作为时间标准,时间起算的起始时刻为 1980 年 1 月 6 日 0h00m00s。启动后不跳秒,保持时间的连续。起始时刻,GNSS 时与 UTC 对齐,这两种时间系统给出的时间是相同的。由于 UTC 存在跳秒,因此,经过一段时间后,这两种时间系统中就会相差 n 个整秒。在 GNSS 时的起始时刻,UTC 与国际原子时已经相差 19s,从理论上讲,GNSS 时与国际原子时都是原子时,且都不跳秒,因而这两种时间系统应严格相差 19s 整。但由于 TAI 是由全球约 240 台原子钟共同维持的时间系统,而 GNSS 时是由全球定位系统中数十台原子钟维持的局部原子时,因此,这两种时间系统除了相差若干整秒外,还有微小的差异 C_0。国际上有专门单位在测定并公布 C_0 值,一般保持在 10ns 以内。

GNSS 测量数据采集一般采用协调世界时 UTC 记录。若采用北京标准时,则应与 UTC 进行换算。各地方由于使用本时区的区时,如北京时为第八时区的区时,换算时,区时减去时区号即为世界时。

3.1.2 GNSS 变形监测网平差基准

在变形监测网中,平差基准的选择是十分重要的,根据监测网的实际情况可采用固定基准、重心基准和拟稳基准,与此相应的平差方法分别是经典平差、秩亏自由网平差和拟稳平差。但在不同基准下获得的变形量是不同的。在矿区进行中长期变形监测时,在以上三种基准中,选择重心基准较为合适,但是这种方法缺乏稳定基础,且重心基准与监测网的图形结构和大小相关,在实用中仍存在一些问题。理想的情况是,监测网中确实存在稳定的基准点,此时可采用常用的经典平差方法。

为了保证监测精度,一般要求基准点与监测点间的距离不超过一定的限度(如 2km),但由于矿区地表移动,很难在监测区域附近选择稳定的基准点。因此,建立变形分析的基准,在矿区显得尤为重要,特别是进行长期监测时,这个问题就必须解决。

3.2　GNSS 变形监测网设计

3.2.1　作业依据

采用 GNSS 控制网进行井筒变形监测可依据相关规程,早期的有《全球定位系统(GPS)测量规范(GB/T 18314—2001)》和《工程测量规范(GB 5002693)》。目前沿用的规程有 2009 年国家质量监督检验检疫总局和国家标准化管理委员会颁布的《全球定位系统(GPS)测量规范(GB/T 18314—2009)》;2007 年中华人民共和国建设部颁布的《工程测量规范(GB 50026—2007)》。新旧规程在执行过程中略有不同,但基本内容一致。

3.2.2　监测网分级划分

用以监测矿区变形的 GNSS 网按精度可划分为三种级别,即全矿区首级控制网,基准网,桥梁、井筒等建构物的单体监测网。

① 首级控制网:首级控制网的作用是为全矿区的变形监测提供统一的参考框架,其精度除了必须满足矿区变形监测的要求外,也应适当兼顾地壳形变监测、地震预报等工作的需要,并尽可能与国家高精度 GNSS 网、地震监测 GNSS 控制网联测。

② 基准网:基准网是由某一局部变形区域内的基准点组成的,通过定期复测,可检测这些基准点本身的稳定性。

③ 单体监测网:单体监测网由桥梁、井筒、工业广场、地表塌陷区等建构物的变形监测点和基准点以及邻近的控制点组成,以监测被监测对象的变形。

各种不同等级监测网的主要精度要求及其与国家 GNSS 网的对照等级应符合表 3-1 的规定。现行规程中,国家 GNSS 网的分级按照 GNSS 测量规范分为 A、B、C、D、E 五级。首级控制网的精度要求可据该网是否需同时兼顾其他用途的精度要求而定。

表 3-1   **GNSS 监测网的精度要求**

网级	首级控制网	基准网	单体监测网
精度要求	1/500 万~1/2000 万	基线长<3km 时, 优于±3mm 基线长>3km 时, 优于 1/100 万	变形监测点的精度: 平面:±6mm 高程:±10mm
相当于	A 级网	B 级网	C、D 级网

3.2.3 布网原则

① GNSS 监测网的布设应视其目的、作业时卫星状况、测区已有的资料、接收机类型和台数、测区地形和交通状况、预期达到的精度、成果可靠性以及效率综合考虑,按照优化设计原则进行。

② 在布网设计中应顾及原有测绘成果和已有的 GNSS 网点等已知资料。

③ 首级控制网应尽可能与国家高精度 GNSS 网、地震监测 GNSS 控制网联测。单体网的各变形监测点应布设在被监测对象内有代表性的变形敏感部位,同时也应满足 GNSS 测量的要求。

④ 每个单体监测网内至少有 3 个基准点。基准点到监测点的距离以不超过 3km 为宜。

⑤ GNSS 监测网应在各测站上同时设站观测,共同组成一个整体网,或者由一个或若干个独立观测环构成,也可采用附合线路的形

式构成,各等级 GNSS 网中每个闭合环或附合线路中的边数及环长
应符合表 3-2 的规定。非同步观测的 GNSS 基线向量边,应按所设
计的网图选定。

表 3-2　　　　　　　　闭合环或附合线路边数的规定

等级	首级控制网	基准网	单体监测网
闭合环或附合线路的边数	≤5	≤6	≤10
环长(km)	≤2000	≤800	≤50

3.2.4　选点与埋石

设计前应收集有关矿区 GNSS 监测的任务与测区的资料,如测
区大比例尺地形图、地质地形图、采掘工程平面图等;已有各类大地
点、国家等级 GNSS 点、水准点等资料。在周密调查研究和现场踏勘
的基础上,进行控制网的技术设计。

1. GNSS 监测点点位要求
(1)首级控制点
首级控制点必须位于地质条件良好,稳定,易长期保存,且适合
进行 GNSS 测量的地方,具体要求为:高度角 15°内无成片障碍物;离
高压输电线、变压器等信号干扰物 200m 以外;离无线电发射台、电
视发射台等强信号源 400m 外;距公路≥5m,距铁路≥200m;测站周
围无信号反射物,以减少多路径误差;能较好地解决交通、生活、供电
等问题。
(2)基准点
选点的要求原则上和控制点基本相同。
(3)变形点
①根据被监测对象的形体特征、变形特征、变形因素以及监测预
报的具体要求(变形方位、变形量、变形速率、时空动态、发展趋势
等),确定点位。

②监测点位于能真实地反映变形体变形的敏感部位,能发挥监测点的监测功能和预报功能。

③点位牢固,高度角 15°内无成片障碍物。

2. 井筒监测点设计要求

针对井筒,为使监测网能真实地反映出井筒的变形,在布设监测点时应遵循以下原则:

① 监测点应布设在能灵敏地反映井筒变形的位置上,其数量和点间距根据实际情况确定。一般至少应布设三点,其中一点基本位于绞车轴方向上;另两点与绞车轴方向垂直,但应考虑 GNSS 监测点的环境。据此,在井筒的提升平台上布设了 3 个监测点。

② 在离井筒较远的稳定处选择监测网的基准点,基准点的数量不少于 3 个,以便对基准点的稳定性进行检验。基准点间基线长度不超过 2km,以减少由于仪器固有误差(比例误差项)对基线测量的影响。据此,在工业广场内选择了三个基准点,其中最大基线长度约为 600m。

③ 基准点和监测点间的基线长度限制在 1km 以内,以削弱观测误差对变形信息的影响。

④ 至少一个基准点具有精确的 WGS-84 坐标,以提高基线向量的解算精度。

⑤ 为减小仪器的安置误差,基准点和监测点应尽可能具有强制对中装置;对天线高的丈量应采取特殊措施,最好采用固定天线高,而在量取天线高时应严格按照操作规程进行。

⑥ 为保证观测精度,要求平差后监测点的平面位置中误差不大于 3mm,高程(大地高)中误差不大于 5mm。

3. 选点作业要求

选点人员应按照技术设计书,经过踏勘,在实地选定最终点位,并在实地加以标定。

当利用旧点时,应检查旧点的稳定性、可靠性和完备性,符合要求时方可使用。

　　不论选定新点还是利用旧点,均应该实地绘制点之记,要求在现场详细记录,不得追记。A、B 级的 GNSS 网点应在其点之记中填写地质概要、构造背景及地形地质构造略图。

　　需要水准联测的 GNSS 点,应实地踏勘,选择联测水准点,并绘出联络路线图。

　　点位周围有高于 10°的障碍物时,应按照《全球定位系统(GPS)测量规范(GB/T 18314—2009)》要求的形式绘制出点的环视图。

　　点名应以该点的所在地命名,无法区分时,可在点名后加注(一)(二)进行区别。新旧点位重合时,一般沿用旧点名。

　　选点工作完成后,应绘制出 GNSS 网选点图。

4. 标石埋设要求

　　① 为保证监测精度,GNSS 点的标石类型原则上应为具有强制对中装置的天线墩,如图 3-1 所示。图 3-2 为强制对中基座。特殊情况时,应结合变形体的变形特征、测区条件、经济能力等进行通盘考虑。

　　② 标石用钢筋混凝土在选定的点位浇制,浇捣混凝土应符合《混凝土结构工程施工质量验收规范(GB 50204—2015)》规范要求。

　　③ 各种类型的标石均应设有中心标志。基岩和基本标石的中心标志应用铜或不锈钢来制作。普通标石的中心标志可用铁或者坚硬的复合材料制作。图 3-3 和图 3-4 为某单位设计和生产的金属标志。

图 3-1　GNSS 点金属标志

图 3-2　强制对中基座

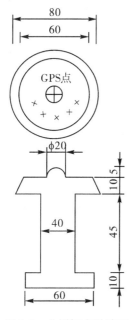

图 3-3　金属标志设计图

图 3-4　附有强制对中装置的观测墩

　　④ 对中盘的归心安装应盘面水平,孔垂直。对中盘面倾斜≤2mm(250mm 的对中盘面),并在点的记录中注明归心孔的深度、孔径以及观测时应带的工具。

⑤ 在强制归心墩埋设后,应在墩的朝南侧注明点名、编号、埋设单位、埋设日期和"GNSS"字样。

⑥ GNSS 点标石埋设所占土地,应经土地使用者或管理部门同意,依法办理征地手续,并办理测量标志委托保管书。

选点埋石后应提交的资料有:GNSS 点的点之记,GNSS 网的选点网图,土地占用批准文件与测量标志委托保管书,选点与埋石工作技术总结。

3.2.5　仪器选择

1. 接收机的要求

用于变形监测的 GNSS 接收机,可按表 3-3 进行选择。

表 3-3　　　　　　　　　　　**GNSS 接收机的选择**

级别	首级控制网	基准网	单体监测网
接收机类型	双频	双频	双频/单频
标称精度/mm	$a \leqslant 5, b \leqslant 0.5$	$a \leqslant 5, b \leqslant 1$	$a \leqslant 10, b \leqslant 5$
观测量	载波相位	载波相位	载波相位
同步观测接收机数	$\geqslant 4$	$\geqslant 3$	$\geqslant 3$

2. 接收设备的检验

新购置的 GNSS 接收机或经维修后的接收机应按规定进行全面检验后方可使用,检验内容包括:一般检视、通电检验、附件检验和实测检验等。

① 一般检验包含的内容:GNSS 接收机及天线的外观是否完好;接收机的附件以及配件等是否完好,是否与主件相匹配;部件是否有松动或脱落;接收机说明书和使用手册等是否齐全等。

② 通电检验包含的内容:信号灯工作是否正常;按键和显示装置是否正常;仪器自检的结果是否正常;接收机锁定卫星的时间是否

正常;接收机接收卫星信号的强度是否正常;卫星信号的失锁信号是否正常。

③ 附件检验包含的内容:电源是否完好;天线或基座的圆水准器、光学对中器及天线高量尺是否完好;数据传录设备和专用软件是否齐全;数据后处理软件是否齐全等。

④ 实测检验包含的内容:接收机内部噪声水平的测试;接收天线相位中心偏差及稳定性监测;接收机野外作业性能及不同测程精度指标测试等。

具体的接收机检验方法按《全球定位系统(GPS)测量规范(GB/T 18314—2009)》执行。

3. 接收设备的维护

GNSS 接收机属于电子设备,需要维护和保养,其具体的要求如下:

① GNSS 接收机等仪器应指定专人保管,在运输的过程中,要求有专人押运,不得碰撞、重压或者倒置。

② 作业期间,应该严格遵守技术规定和操作要求。

③ 接收机应注意防震、防潮、防晒、防辐射、防尘、防蚀等。电缆线不得扭转,不应在地面拖拉,接头盒连接器应保持清洁。

④ 观测完成之后,应及时擦掉接收机上的水汽和尘埃,存放在仪器箱内,放置在通风、干燥的阴凉处。

⑤ 仪器交接时,应该按照一般检验的内容进行检查,填写交接记录。

⑥ 接收机外接电源时,应检查电源电压是否正常,电池的正负极切勿接反。

⑦ 接收机处于楼顶、高标及其他设施的顶端时,应采取加固措施。雷雨天气时,应安装避雷设施或者停止观测。

⑧ 接收机在室内存放期间,室内应通风,每隔 1~2 月应通电检查一次。接收机内的电池应保持充满电的状态,外接电源时,应按照要求充放电。

⑨ 严禁拆卸接收机,天线电缆不得私自改装。如发生故障,应

认真记录并报告有关部门,请专业人员进行维修。

3.3　GNSS 网外业施测

3.3.1　基本技术要求

GNSS 监测网各等级作业的基本技术要求应符合表 3-4 的规定。

表 3-4　　　**GNSS 监测各等级作业的基本技术要求**

级　　别	首级控制网	基准网	单体监测网
卫星高度角(°)	≥10	≥15	≥15
同时观测有效卫星数	≥4	≥4	≥4
卫星有效观测时间(m)	≥30	≥30	≥15
观测时段数	≥8	≥3	2~3
有效时段长度(h)	4~5	4~5	2~3
数据采样间隔(s)	10~60	10~60	10~60
PDOP 值	≤4	≤6	≤8

3.3.2　观测作业

在进入测区观测前,应根据卫星可见性预报表,选择最佳观测卫星组和最佳观测时段。观测前应根据作业的接收机台数、GNSS 设计网形及卫星预报表编制作业调度表,并据此进行观测。

1. 观测准备

每天出发前应检查电池容量、接收机内存是否充足,仪器及其附件是否携带齐全。天线安置应符合下列要求:

① 作业员到测站后应先安置好接收机使其处于静止状态,然后再安置天线。

② 天线在强制对中的观测墩上应整平,天线基座上的圆气泡应

居中。

③ 天线定向标志应指向北,定向误差不得超过 5°。对于定向标志不明显的接收机天线,可预先设置标记。每次按此标记安置仪器。

2. 观测要求

① 观测时应严格按调度表规定的时间进行作业,保证同步观测同一卫星组,不得擅自更改计划。

② 接收机电源电缆和天线电缆应连接无误,接收机预置状态应正确,然后才能启动接收机进行观测。

③ 各时段观测前后应从相差 120° 三个方向量取三次天线高,分别求取观测前后的平均天线高。两个天线高的差值不得大于 3mm,取平均值作为最后结果,记录于手簿。若互差超限,应查明原因,提出处理意见记入手簿备注栏中。

④ 时段观测过程中不得进行以下操作:关闭接收机又重新启动;进行自测试(发现故障除外);改变卫星高度角;改变数据采样间隔;改变天线位置;按动关闭文件和删除文件等功能键。

⑤ 观测员在作业期间不得擅自离开测站,并防止仪器受到震动和被移动,防止人和其他物体靠近天线,遮挡卫星信号。

⑥ 在观测过程中不应在接收机近旁使用对讲机;雷雨过境时应关机停测,并卸下天线以防雷击。

⑦ 观测中应保证接收机工作正常,数据记录正确,每日观测结束后,应及时将数据转存至计算机内,确保观测数据不丢失。

⑧ 观测周期:基准网和监测网的观测周期,视被监测对象的变形特征而定,一般每 1~3 个月观测一次。明显变形阶段可适当增加观测次数。

3. 观测记录

观测记录的主要内容有:

① 测站及接收机信息:测站名、测站的近似坐标、接收机编号和天线编号、观测日期、天线高、采样间隔、时段号等;

② 观测时刻 t_i;

③ 卫星星历(历书);C/A 码及 P 码伪距;载波相位观测值。

3.4　GNSS 监测网变形分析

3.4.1　两期变形稳定检验模型

按上述方法对 GNSS 监测网进行监测,然后进行抗差估计,可获得 GNSS 监测点在空间直角坐标系中的两期坐标差和坐标的协因数矩阵。GNSS 监测网的变形分析,原则上可直接在空间直角坐标系中进行,也可在高斯平面直角坐标系和大地高系统中进行,对于后一种分析空间,应采用空间直角坐标及其协因数阵的投影计算公式,获得监测点的高斯平面直角坐标、大地高及其相应的协因数阵。为直观起见,一般采用后一种分析空间:在高斯平面上进行变形分析,在大地高系统进行高程变形分析。设两期监测网平差后的单位权中误差为 m_1 和 $m_2(m_1>m_2)$,自由为 f_1 和 f_2。若

$$F=\frac{m_1^2}{m_2^2}\leqslant F_{\alpha/2}(f_1,f_2) \tag{3-1}$$

则在显著性水平 α 下,可认为这两期 GNSS 监测网为同精度观测;否则是非同精度观测。若两期监测网通过了同精度观测形变检验,以监测点的平面坐标为例,设监测点两期平面坐标的 x 分量之差为 δx,相应的协因数为 Q_{x1}、Q_{x2},若有

$$t=\frac{\delta x}{u\sqrt{Q_{x1}+Q_{x2}}}>t_{\alpha/2}(f_1+f_2) \tag{3-2}$$

成立,则在显著性水平 α 下认为监测点的位移量是显著的,坐标 δx 即为监测点 x 方向的变形量。式中

$$u^2=\frac{f_1m_1^2+f_2m_2^2}{f_1+f_2} \tag{3-3}$$

3.4.2　多期监测卡尔曼滤波模型

随着 GNSS 技术在形变监测中的广泛应用,处理形变监测数据的手段也日趋多样化,其中卡尔曼滤波越来越受到人们的青睐。20

世纪 60 年代初问世的卡尔曼滤波理论,是一种对动态系统进行数据处理的有效方法,它利用观测向量来估计随时间不断变化的状态向量。由于其在对状态向量进行估计时,不需要存储大量的历史观测数据,利用新的观测值,通过不断的预测和修正,即可估计出系统新的状态。因此卡尔曼滤波被广泛地应用于各种动态测量系统中,特别是在工程变形和地壳形变、动态数据处理与 GNSS 定位定轨等方面的应用更为多见。

1.标准卡尔曼滤波模型

设某一 GNSS 监测网由 n 个点组成,网中基线向量数为 m。以 GNSS 点在 WGS-84 空间直角坐标系中的三维位置和三维速率为状态向量。设点 i 在时刻 t 的位置向量为 $\boldsymbol{\xi}_i(t)$,其瞬时速率为 $\boldsymbol{\lambda}_i(t)$,而将瞬时加速率 $\boldsymbol{\Omega}_i(t)$ 看作一种随机干扰,则有以下微分关系式:

$$\left.\begin{array}{l} \dot{\boldsymbol{\xi}}_{i \atop 3,1}(t) = \boldsymbol{\lambda}_i(t) \\[2mm] \dot{\boldsymbol{\lambda}}_{i \atop 3,1}(t) = \boldsymbol{\Omega}_i(t) \end{array}\right\} \tag{3-4}$$

记 i 点的状态向量为 $\boldsymbol{X}_i(t)$,即

$$\underset{6,1}{\boldsymbol{X}_i(t)} = \begin{bmatrix} \boldsymbol{\xi}_{i \atop 3,1}(t) & \boldsymbol{\lambda}_{i \atop 3,1}(t) \end{bmatrix}^{\mathrm{T}} = \begin{bmatrix} X_i(t) & Y_i(t) & Z_i(t) & \dot{X}_i(t) & \dot{Y}_i(t) & \dot{Z}_i(t) \end{bmatrix}^{\mathrm{T}}$$

$$\underset{3,1}{\boldsymbol{\Omega}_i(t)} = \begin{bmatrix} \ddot{X}_i(t) & \ddot{Y}_i(t) & \ddot{Z}_i(t) \end{bmatrix}^{\mathrm{T}}$$

$$\tag{3-5}$$

则式(3-4)可写成

$$\dot{\boldsymbol{X}}_i(t) = \begin{bmatrix} \boldsymbol{0} & \boldsymbol{E} \\ \boldsymbol{0} & \boldsymbol{0} \end{bmatrix} \boldsymbol{X}_i(t) + \begin{bmatrix} \boldsymbol{0} \\ \boldsymbol{E} \end{bmatrix} \boldsymbol{\Omega}_i(t) \tag{3-6}$$

式中,$\boldsymbol{0}$ 和 $\boldsymbol{E}$ 分别为三阶零矩阵和三阶单位阵。式(3-7)是一个常系数连续线性系统微分方程,采用拉普拉斯变换,可得卡尔曼滤波的状态方程为:

$$\boldsymbol{X}_{i,k+1} = \begin{bmatrix} \boldsymbol{E} & \Delta t_k \boldsymbol{E} \\ \boldsymbol{0} & \boldsymbol{E} \end{bmatrix} \cdot \boldsymbol{X}_{i,k} + \begin{bmatrix} \dfrac{1}{2}\Delta t_k^2 \boldsymbol{E} \\[2mm] \Delta t_k \boldsymbol{E} \end{bmatrix} \tag{3-7}$$

式中，$\Delta t_k = t_{k+1} - t_k$，而 t_k 和 t_{k+1} 分别为第 k 期和第 $k+1$ 期的观测时刻。根据 n 个点上状态方程，可得全网的状态方程，记为：

$$\boldsymbol{X}_{k+1} = \boldsymbol{\Phi}_{k+1,k}\boldsymbol{X}_k + \boldsymbol{\Gamma}_{k+1,k}\boldsymbol{\Omega}_k \qquad (3\text{-}8)$$

GNSS 监测网的动态监测系统由动态方程（3-8）和观测方程组成。当以基线向量为观测值时，某一基线向量 $\boldsymbol{L}_{ij}$ 在第 $k+1$ 期的观测方程为

$$\boldsymbol{L}_{ij/k+1} = -\boldsymbol{\xi}_{i/k+1} + \boldsymbol{\xi}_{j/k+1} - \Delta t_{ij/k+1}\boldsymbol{\lambda}_{i/k+1} + \Delta t_{ij/k+1}\boldsymbol{\lambda}_{j/k+1} + \Delta_{ij/k+1} \qquad (3\text{-}9)$$

式中，$\Delta t_{ij/k+1} = t_{ij/k+1} - t_{k+1}$，而 $t_{ij/k+1}$ 为基线向量 $\boldsymbol{L}_{ij}$ 的观测时刻，t_{k+1} 为第 $k+1$ 期各基线向量观测的中心时刻。对于 GNSS 监测网而言，$\Delta t_{ij/k+1}$ 与两期观测的时间间隔 $\Delta t_k = t_{k+1} - t_k$ 相比可忽略不记，则式（3-9）变为

$$\boldsymbol{L}_{ij/k+1} = -\boldsymbol{\xi}_{i/k+1} + \boldsymbol{\xi}_{j/k+1} + \Delta_{ij/k+1} \qquad (3\text{-}10)$$

类似可得全网的观测方程为：

$$\boldsymbol{L}_{k+1} = \boldsymbol{B}_{k+1}\boldsymbol{X}_{k+1} + \Delta_{k+1}\boldsymbol{L}_{k+1} \qquad (3\text{-}11)$$

动态方程（3-8）和量测方程（3-11）共同构成了 GNSS 监测网卡尔曼滤波的数学模型

$$\begin{cases} \boldsymbol{X}_k = \boldsymbol{\Phi}_{k,k-1}\boldsymbol{X}_{k-1} + \boldsymbol{\Gamma}_{k,k-1}\boldsymbol{\Omega}_{k-1} \\ \boldsymbol{L}_k = \boldsymbol{B}_k\boldsymbol{X}_k + \Delta_k \end{cases} \qquad (3\text{-}12)$$

式中：$\boldsymbol{\Phi}_{k,k-1}$ 为 $k-1$ 到 k 时刻的系统一步转移矩阵；$\boldsymbol{\Gamma}_{k,k-1}$ 为系统噪声矩阵；$\boldsymbol{\Omega}_{k-1}$ 为 $k-1$ 时刻的系统噪声；$\boldsymbol{B}_k$ 为 k 时刻系统的量测矩阵；Δ_k 为 k 时刻系统的量测噪声；$\boldsymbol{X}_k$ 为 k 时刻的系统待估状态向量；$\boldsymbol{L}_k$ 为 k 时刻系统的量测值。

卡尔曼滤波的随机模型为

$$\left.\begin{array}{l} E(\boldsymbol{\Omega}_k) = \boldsymbol{0}, E(\Delta_k) = \boldsymbol{0}, \mathrm{cov}(\boldsymbol{\Omega}_k, \Delta_j) = \boldsymbol{0} \\ \mathrm{cov}(\boldsymbol{\Omega}_k, \boldsymbol{\Omega}_j) = \boldsymbol{D}_\Omega(k)\delta_{kj}, \mathrm{cov}(\Delta_k, \Delta_j) = \boldsymbol{D}_\Delta(k)\delta_{kj} \end{array}\right\} \qquad (3\text{-}13)$$

式中：$\boldsymbol{D}_\Omega(k)$ 为系统动态噪声方差阵；$\boldsymbol{D}_\Delta(k)$ 为观测噪声对称方差阵；δ_{kj} 为 Kronecker 函数。

采用标准卡尔曼滤波模型处理 GNSS 监测网数据时，其滤波方程为

$$\left.\begin{array}{l} \boldsymbol{X}(k/k) = \boldsymbol{X}(k/k-1) + \boldsymbol{J}_k\boldsymbol{E}_k \\ \boldsymbol{D}_X(k/k) = (\boldsymbol{I} - \boldsymbol{J}_k\boldsymbol{B}_k)\boldsymbol{D}_X(k/k-1) \end{array}\right\} \qquad (3\text{-}14)$$

式中,

$$X(k/k-1)=\boldsymbol{\Phi}_{k,k-1}X(k-1/k-1)$$

$$D_X(k/k-1)=\boldsymbol{\Phi}_{k,k-1}D_X(k-1/k-1)\boldsymbol{\Phi}_{k,k-1}^{\mathrm{T}}+\boldsymbol{\Gamma}_{k,k-1}D_\Omega(k-1)\boldsymbol{\Gamma}_{k,k-1}^{\mathrm{T}}$$

$$J_k=D_X(k/k-1)B_k^{\mathrm{T}}\left[B_kD_X(k/k-1)B_k^{\mathrm{T}}+D_\Delta(k)\right]^{-1}$$

$$E_k=L_k-B_kX(k/k-1)$$

$$(3-15)$$

式中,$X(k/k-1)$为一步预测值,$D_X(k/k-1)$为一步预测方差阵,J_k为状态增益矩阵,E_k为预测残差或新息。在确定了动态系统的初始状态后,即可根据滤波方程及新的观测值求得新的状态向量滤波值,这正适于处理多期重复观测的 GNSS 监测网的观测数据。从滤波方程可以看出,利用式(3-15)的第一式和第四式,即可对动态系统进行预报,从而为确定下一次的观测时间提供依据;并根据预报结果,采取相应的措施。

2. 动态系统初始状态的确定

从卡尔曼滤波方程可以看出,要确定系统在 t_k 时刻的状态,首先必须知道系统的初始状态,即应了解系统的初值。一般而言,滤波前系统的初始状态难以精确确定,但如果初值的选取达不到一定的要求,则可能导致滤波结果中含有较大误差,从而根据这种滤波结果确定的 GNSS 点的形变量将失真。因此恰当地确定系统的初值,是保证形变分析结果正确性的前提之一。

(1)状态参数初值的确定

当采用 GNSS 点的位置和速率为状态向量时,一般先对前两期 GNSS 监测网的观测值进行经典平差,得位置参数 $\boldsymbol{\xi}_i^{\mathrm{I}}$ 和 $\boldsymbol{\xi}_i^{\mathrm{II}}$($i=1,2,\cdots,n$)。则位置参数的初值取为:

$$\boldsymbol{\xi}^0=\boldsymbol{\xi}^{\mathrm{II}}=\begin{bmatrix}X_1^{\mathrm{II}}&Y_1^{\mathrm{II}}&Z_1^{\mathrm{II}}\cdots X_n^{\mathrm{II}}&Y_n^{\mathrm{II}}&Z_n^{\mathrm{II}}\end{bmatrix}^{\mathrm{T}}\qquad(3-16)$$

速率参数的初值取为

$$\boldsymbol{\lambda}^0=(\boldsymbol{\xi}^{\mathrm{II}}-\boldsymbol{\xi}^{\mathrm{I}})/(t^{\mathrm{II}}-t^{\mathrm{I}})=(\boldsymbol{\xi}^{\mathrm{II}}-\boldsymbol{\xi}^{\mathrm{I}})/\Delta t\qquad(3-17)$$

则 GNSS 监测网的状态参数初值为：

$$X(0) = X(0/0) = \begin{bmatrix} \boldsymbol{\xi}^0 & \boldsymbol{\lambda}^0 \end{bmatrix}^{\mathrm{T}} \tag{3-18}$$

（2）方差阵初值的确定

1）观测噪声的方差阵 $\boldsymbol{D}_V$

观测噪声的方差阵 $\boldsymbol{D}_V$, 可由观测方法确定。当以基线向量为量测值时,随机软件在提供基线向量时,也提供了（或通过简单计算可得）各基线向量的方差阵。

2）状态参数的初始方差阵

在采用经典平差对前两期 GNSS 监测数据进行处理时,可取位置参数的初始方差阵为

$$\boldsymbol{D}_{\boldsymbol{\xi}^0} = \boldsymbol{D}_{\boldsymbol{\xi}\mathrm{II}} \tag{3-19}$$

即取为第 II 期网经典平差后 GNSS 点的互协方差阵。

由式（3-16）,根据协方差阵传播定律,可得速率参数的初始协方差阵为

$$\boldsymbol{D}_{\boldsymbol{\lambda}^0} = \Delta t^{-2} (\boldsymbol{D}_{\boldsymbol{\xi}\mathrm{I}} + \boldsymbol{D}_{\boldsymbol{\xi}\mathrm{II}}) \tag{3-20}$$

则状态参数的初始协方差阵为：

$$\boldsymbol{D}_{\Omega}(0) = 4\Delta t^{-4} \boldsymbol{D}_{\boldsymbol{\xi}^0} \tag{3-21}$$

3）动态噪声的初始方差阵

$$\boldsymbol{D}_X(0) = \boldsymbol{D}_X(0/0) = \begin{bmatrix} \boldsymbol{D}_{\boldsymbol{\xi}^0} & \boldsymbol{0} \\ \boldsymbol{0} & \boldsymbol{D}_{\boldsymbol{\lambda}^0} \end{bmatrix} \tag{3-22}$$

当瞬时速率作为状态参数时,则瞬时加速率为动态噪声。这样,根据前两期经典平差获得的系统初始状态,利用以后各期的量测值,由滤波方程式（3-15）,即可获得系统在量测瞬间的状态。根据两期间系统状态参数间的差异,采用统计假设检验,即可判定两期间系统是否存在形变。

3.4.3　GNSS 监测网形变分析

设 t_{k-1}、t_k 时刻位置参数的滤波值分别为 $X(k-1/k-1)$、$X(k/k)$,则 $\Delta X_k = X(k-1/k-1) - X(k/k)$。因为卡尔曼滤波值是正态随机观

测向量的线性最小方差无偏估计，则 $\Delta \boldsymbol{X}_k$ 服从正态分布。因此，可采用 μ 检验法来检验动态系统在两次观测期间是否有显著的变化，即在两期间，GNSS 监测网是否产生了形变。

检验统计量为

$$\mu_i = \frac{\Delta \boldsymbol{X}_k^i}{\boldsymbol{d}_k^i} \tag{3-23}$$

式中，$\boldsymbol{d}_k^i$ 为

$$\boldsymbol{D}_{\Delta X_k} = \boldsymbol{D}_X(k-1/k-1) + \boldsymbol{D}_X(k/k) \tag{3-24}$$

的主对角元素的平方根。选取检验水平 a，当

$$\mu_i < u_{\frac{1}{2}\alpha}(i=1,2,\cdots,n) \tag{3-25}$$

时，接受零假设，认为该点在两期间发生了变形，而变形的大小即为 $\Delta \boldsymbol{X}_k^i$；否则认为该点在两期观测间没有显著的变形。

3.5　实例应用

山东某矿是我国自行设计和施工的特大型综采机械化矿井，自1986年投产以来，产量逐年增加，综合实力不断增强。随着采深的增加，井筒受到的压力逐渐增大，井壁破裂、脱落，甚至引发灾难，时有发生。因此，对于井筒实施变形监测越来越引起人们的重视。经与该煤矿协商一致，在注浆的过程中，利用矿区 GNSS 首级控制网的观测成果，在其基础上设计了主井井筒变形监测网，定期进行观测和数据处理，进行井筒变形分析。

主井井塔为钢筋混凝土框架结构，为一底边形状呈正方形的塔形建筑，井塔基础为箱式结构，井筒周围建筑物较多，给监测点的布设带来了较大困难。同时针对矿区单身公寓楼作为本区的高层建筑物，也特别设置了 GNSS 监测点。根据 GNSS 变形监测需要和测区内的实际情况，设计监测点 6 个和基准点 3 个，其中监测点分别设置于主井井筒上方（0ZG1、0ZG2、0ZG3）和单身公寓楼楼顶（0DG1、0DG2、0DG3），而 3 个基准点（BS00、0J03、0J15）均设置于地面，具体方案如图 3-5 所示。

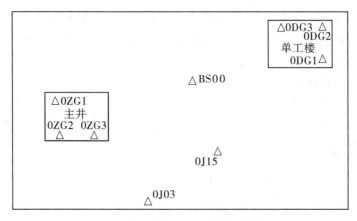

图 3-5　该矿井筒 GNSS 监测点设计图

基准点坐标见表 3-5。

表 3-5　　　　　　　　　　　　基准点坐标

点号	X	Y	Z
BS00	5778.581	2339.719	42.204
OJ03	5565.868	1785.060	43.373
OJ15	5847.068	2185.793	42.580

3.5.1　GNSS 外业观测

观测时采用四台 Ashtech 接收机（标称精度为 5mm±1ppm），其中两台为单频双系统（GNSS/GLONASS）接收机，另两台为 GNSS 双频接收机。

在进行首期观测时，为建立可靠的变形分析基准，要求观测时段较长，不小于 2h，以后各期观测可采用 1.5h 的时段长度。数据采样率为 20s，截止高度角设置为 10°。分别于 2000 年 3 月和 9 月、2001 年 3 月和 10 月、2002 年 3 月和 9 月进行了 6 次观测。

在进行观测时，应保证每一个监测点至少从两个基准点上进行了同步观测,据此设计观测方案;并使监测网具有足够的多余观测及较好的图形结构,以便在进行数据处理时,能对观测粗差进行准确的定位。观测方案制定后,各期观测工作均按设计方案组织执行,不宜随意变动。

3.5.2 数据处理

进行变形分析前,需要规划好数据处理方法和变形分析基准。如果采用固定基准,要确定采用几个基准点,并保证这些基准点的确是稳定可靠的,这是一种最为理想的情况。如果不能保证基准点的稳定性,可采用秩亏自由网平差或拟稳平差,其相应的基准为重心基准和拟稳基准。对于六参数的卡尔曼滤波方式,由于需要获得动态系统的初始状态,而这种初始状态一般是利用监测网前两期的经典平差结果获得的。因此,采用卡尔曼滤波模型来处理监测网的数据时,所采用的基准实际上是一种固定基准。不管采用哪一种基准,对于监测网而言,必须在各期保持一致,否则变形分析的结果就是错误的。

本节利用该矿井筒 GNSS 监测的六期观测资料,根据 3.4 节提出的数据处理模型,采用 "GNSS(监测)网数据处理软件包" 进行数据处理,数据处理模式采用动态数据处理的卡尔曼滤波方法。第 3 期 GNSS 观测解算的结果见表 3-6、表 3-7、表 3-8。

表 3-6   第 3 期滤波后位置参数中误差/cm

点号	点名	Mx	My	Mz	M
1	BS00	0	0	0	0
2	OJ15	0.04	0.06	0.04	0.08
3	ODG1	0.08	0.11	0.08	0.15
4	ODG2	0.05	0.08	0.05	0.11
5	ODG3	0.06	0.11	0.07	0.15
6	OZG1	0.07	0.10	0.08	0.15
7	OZG2	0.05	0.07	0.05	0.10
8	OZG3	0.14	0.18	0.12	0.26
9	OJ03	0.11	0.14	0.13	0.22

表 3-7　　　　第 3 期滤波后速率参数中误差（cm／年）

点号	点名	M_x	M_y	M_z	M
1	BS00	0	0	0	0
2	OJ15	0.20	0.29	0.21	0.41
3	ODG1	0.37	0.49	0.36	0.71
4	ODG2	0.26	0.39	0.27	0.54
5	ODG3	0.39	0.65	0.38	0.85
6	OZG1	0.71	1.03	0.68	1.43
7	OZG2	0.33	0.43	0.34	0.64
8	OZG3	0.61	0.75	0.58	1.13
9	OJ03	0.54	0.66	0.75	1.14

表 3-8　　　　　　　　位置参数预报值／m

点号	点名	X	Y	Z
1	BS00	−481.3473	291.5363	852.2647
2	OJ15	−412.86	137.61	852.64
3	ODG1	−596.5177	180.5855	985.2956
4	ODG2	−589.7739	174.1945	997.6887
5	ODG3	−556.1904	195.0644	992.7508
6	OZG1	−282.7206	572.9201	734.0308
7	OZG2	−287.7374	581.2677	720.3848
8	OZG3	−302.1521	574.4577	719.8765
9	OJ03	−445.8841	667.9966	404.7201

3.5.3　井筒变形分析结果

2000 年 9 月和 2001 年 3 月,对该矿主井井筒进行了两期观测,其观测质量符合设计要求。

在进行变形分析时,首先固定 GPS1 对两期网进行空间无约束平差。若采用最小二乘平差的方法,则在进行变形分析时,不能通过同精度观测检验,且平面点位中误差和大地高中误差偏大。这说明观测值中仍含有粗差。采用等价函数进行抗差估计后,通过了同精度观测检验。因此,在进行变形分析时采用了抗差估计成果。

经抗差估计后,GPS2 和 GPS3 两个基准点得到两期坐标差(mm)分别为(1.2,−2.5,2.7)和(−1.5,−3.6,−3.4),在计算的限差(5mm)范围内。因此,可以认为基准点是稳定的。

根据空间平差结果,计算得到 3 个监测点的平面位置最大点位中误差为 2.1mm,高程最大中误差为 3.4mm,均在设计要求的范围内。

根据监测点的两期平面坐标之差和高程差,利用式(3-25)对其变形显著性进行检验。根据检验结果可绘制出监测点的变形分析图。

六期成果处理结束后,即可进行变形分析。进行变形分析时,一般要经过 5 个简单阶段:选择变形分析空间,确定采用的成果,将空间平差成果投影到高斯平面上(进行平面变形分析时),确定利用哪两期成果进行变形分析,最后输出变形分析成果。

采用不同成果进行变形分析时,除选择相应的平差成果外,其他运行过程基本相同。以下以经典平差成果为例,说明在高斯平面坐标系和大地高系统中进行变形分析的基本过程。

变形分析的内容按顺序包括同精度观测检验、总体形变检验和单点形变检验。

(1)同精度观测检验

利用两期成果进行变形分析时,要求它们的观测精度相同,即母体方差相同。这是利用 F 检验来实现的。如果两期观测值不能通过同精度观测检验,则说明观测值中仍然含有粗差,或观测精度不匹配。此时,若继续进行变形分析,则毫无意义。

(2)总体形变检验

总体形变检验是在同精度观测的基础上,判断在两期观测期间,整个监测网是否存在变形。若不存在变形,则变形分析结束;若存在总体变形,则还要通过单点形变检验来判断。

该矿 GNSS 监测网的 6 期观测成果,在两两观测期间均存在总体形变。

(3)单点形变检验

总体形变检验只能说明在两期观测期间监测网在整体上存在形变,但不能确定其中哪些点存在形变。单点形变检验是在总体形变检验的基础上,判断在两期观测期间,哪些点存在变形,哪些点不存在变形。

对于井筒 GNSS 监测网,任意两期观测值间均通过了同精度观测检验,且两期观测间也存在总体形变,因此可进行单点形变检验,以确定变形点及变形量的大小。移动过程曲线,是根据各监测点各期的平面坐标和高程绘制,这种曲线能清晰地监测点的变化趋势(变形方向和数量大小)。

图 3-6 至图 3-8 分别是根据经典平差成果绘制的井筒上三个监测点的移动过程曲线。

从图 3-6、图 3-7、图 3-8 可以看出,井筒上的三个监测点的变形情况不相同,主要表现为在平面上的变形方向的差异上。从高程方向的变形来看,在第 1 期和第 2 期间,各点均上升(抬高)了 20 多毫米,在第 2 期至第 3 期间,又开始回落,到第 3 期观测时,基本上恢复到初始状态,以后基本上保持稳定,其变化主要是由于观测误差所致。

该矿井筒 GNSS 监测网,按照设计的观测方案,自 1999 年 10 月至 2002 年 9 月共进行了 6 次观测。通过外业观测质量的检核,这 6 期的观测成果是合格的。

3.6　本章小结

本章总结了井筒变形卫星控制测量技术与数据分析方法。阐述了 GNSS 控制网变形监测基准基于监测结果的两期变形稳定检验模型和多期卡尔曼滤波模型。为了避免观测值中可能含有的粗差对平差成果的影响,进而使变形分析成果受到影响,构造了基于等价增益

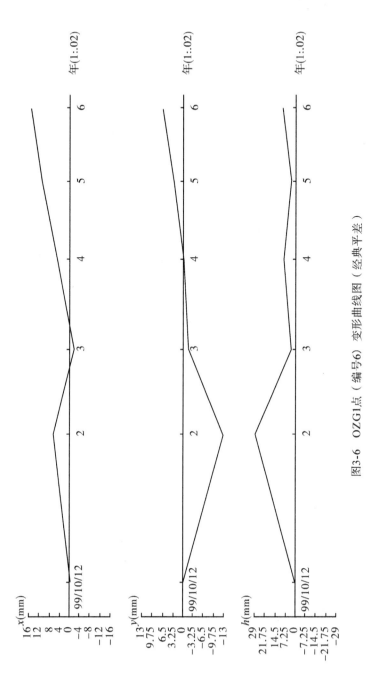

图3-6 OZG1点（编号6）变形曲线图（经典平差）

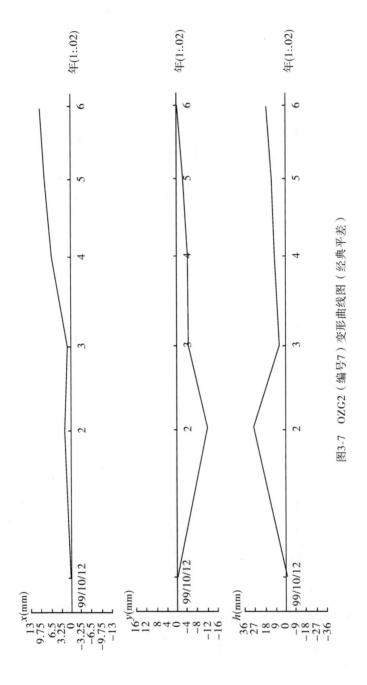

图3-7 OZG2（编号7）变形曲线图（经典平差）

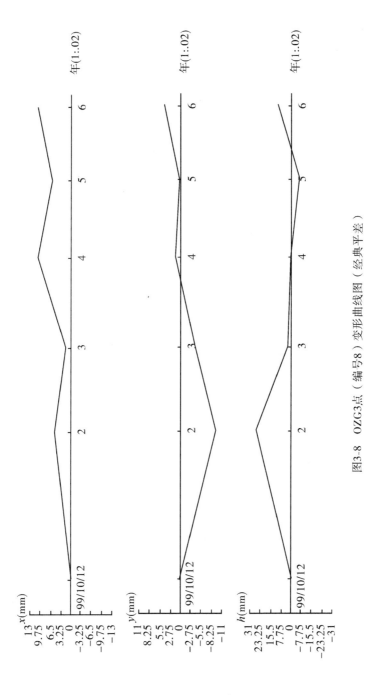

图3-8 OZG3点（编号8）变形曲线图（经典平差）

矩阵的抗差卡尔曼滤波模型,分别用于动态数据处理。通过抗差处理,剔除了观测值中含有的粗差,从而保证了各期观测成果处理的正确性,为进行变形分析提供了可靠的数据。

　　根据空间平差成果,按照同精度观测检验、总体形变检验和单点形变检验的顺序进行变形分析,总的来说,该方法完全可以满足对井筒进行变形监测的要求。能够达到很好地监测主井的安全运行状况,为矿井主管部门进行科学监控和决策提供科学依据的目的。

第4章 井塔倾斜变形监测技术

井塔通常和井筒固联在一起,是井筒的地面部分。井塔在空间位置上的变形直接反映出井筒的变形状况。井塔倾斜监测的方法有很多,包括从井塔外部实施的经纬仪投点法、测水平角法与前方交会法,从井塔顶部进行的正锤线法与激光准直法,以及利用相对沉降量进行的水准沉降法、倾斜仪测记法等。由于井塔周围通视条件差,通常可选用测水平角法和水准沉降法,分别采用全站仪与水准仪进行监测。本章重点介绍此两种方法,并推导出采用水准沉降法进行倾斜测量的方法,最后给出实际案例进行分析。

4.1 水平角法井塔倾斜监测技术

水平角法是使用全站仪,通过井塔上/下监测点(标志)间的偏距差变化来进行井塔倾斜监测的方法。进行倾斜观测时,测量成果包括测站与上/下监测点(标志)间的水平距离以及夹角。

井塔倾斜监测项目的实施将耗费大量的人力与物力,故而倾斜观测的周期通常视倾斜速度而定在每 1~3 个月一次。如果由于特殊情况导致倾斜速度加快,应及时增加观测次数,而且野外实测时,需要避开强日照和风荷载影响大的时间段。

参考《工程测量规范》(GB 50026—2007),全站仪进行井塔倾斜监测的测边、测角的主要技术指标要求见表 4-1。对于井塔倾斜监测,宜采用二等以上监测方案。

表 4-1　　　　　　　　水平位移监测网主要技术要求

等级	相邻基准点的点位中误差（mm）	平均边长（m）	测角中误差（"）	测边相对中误差	水平角观测测回数	
					1"级仪器	2"级仪器
一等	1.5	≤300	0.7	≤1/300000	12	
		≤200	1	≤1/200000	9	
二等	3	≤400	1	≤1/200000	9	
		≤200	1.8	≤1/100000	6	9
三等	6	≤450	1.8	≤1/100000	6	9
		≤350	2.5	≤1/80000	4	6
四等	12	≤600	2.5	≤1/80000	4	6

4.1.1　外业实施方案

① 设置观测标志；在井塔的上部和下部分别设置观测标志，分别记为点 A 与 B，需尽可能地保证两个标志处在同一铅垂线上。如果对精度的要求较高，可以采用投点法辅助设置。标志的设置如图 4-1 所示。

图 4-1　观测标志示意图

② 观测 θ 角与水平距离 a；如图 4-2 所示，在墙面延长线的地表

某处确定一点 P 作为测站点,保证点 P 处的地质条件相对稳定,用标志加以固定,而且使得点 P 到点 B 的水平距离为井塔高度的 1.5~2 倍。确定点 P 后,在点 P 用测距仪测量点 P 到点 A、B 的水平距离,记为 $a_{上}$、$a_{下}$;在点 P 架设全站仪来测量 $\angle APB$ 对应的水平角,记为 θ。

③ 计算两标志间的相对偏距 e;$a_{上}$、$a_{下}$、θ 间的相对关系如图 4-2 所示,那么可以按照余弦公式计算出 e,具体等式如式(4-1)所示。

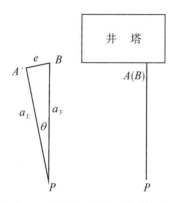

图 4-2　倾斜监测示意图(俯视)

④ 以首次观测的上/下标志间的相对偏距 e 为准,以后每次观测同样可以得到相对偏距,记为 e_i,那么可以计算井塔顶点倾斜位移量和井塔倾斜率。

4.1.2　监测精度分析

井塔主体的倾斜观测精度可由给定的倾斜量允许值确定。通常情况下,沉降差、基础倾斜、局部倾斜等相对沉降的测定中误差不应超过其变形允许值的 1/20。详细内容参考《建筑变形测量规范》(JGJ 8—2007)。

利用全站仪的井塔倾斜监测,主要是通过观测得到的井塔上、下两标志间的偏距差的变化来分析井塔的倾斜,由余弦公式知:

$$e=\sqrt{a_{上}^2+a_{下}^2-2a_{上}\,a_{下}\,cos\theta} \tag{4-1}$$

59

对式(4-1)取全微分得：

$$de = \frac{2a_上 \, da_上 - 2a_下 \cos\theta da_上 + (2a_下 \, da_下 - 2a_上 \cos\theta da_下) + 2a_上 \, a_下 \sin\theta d\theta}{2\sqrt{a_上^2 + a_下^2 - 2a_上 \, a_下 \cos\theta}}$$

(4-2)

即

$$de = \frac{(a_上 - a_下 \cos\theta) \, da_上 + (a_下 - a_上 \cos\theta) \, da_下 + 2a_上 \, a_下 \sin\theta d\dfrac{\theta''}{\rho''}}{\sqrt{a_上^2 + a_下^2 - 2a_上 \, a_下 \cos\theta}}$$

(4-3)

根据中误差传播定律：

$$m_e^2 = \frac{(a_上 - a_下 \cos\theta)^2 m_{a_上}^2 + (a_下 - a_上 \cos\theta)^2 m_{a_下}^2 + (2a_上 \, a_下 \sin\theta)^2 \left(\dfrac{m_\theta''}{\rho''}\right)^2}{a_上^2 + a_下^2 - 2a_上 \, a_下 \cos\theta}$$

(4-4)

监测中使用 Leica TC905L 全站仪, 测角精度为 2″, 测距精度为 2 +2×10−6Dmm, 测量 6 个测回。表 4-2 和表 4-3 计算了各测站不同观测期水平夹角 θ 的测角中误差。

表 4-2　主井塔倾斜观测(测算法)P_1 测站测角中误差统计表　(单位:秒)

次数 中误差	1 00.03.11	2 00.07.13	3 00.09.15	4 00.11.24	5 01.03.22
1 测回	1.3	1.3	1.5	1.3	1.2
6 测回平均值	0.5	0.5	0.6	0.5	0.5

表 4-3　主井塔倾斜观测(测算法)P_2 测站测角中误差统计表　(单位:秒)

次数 中误差	1 00.03.11	2 00.07.13	3 00.09.15	4 00.11.24	5 01.03.22
1 测回	1.3	2.1	1.2	1.5	1.1
6 测回平均值	0.5	0.9	0.5	0.6	0.4

如果取最大值 0.9″ 为测角中误差,测距中误差为 ±4mm,将有关数据代入式(4-4)中,可得偏距 e 的最大测量中误差:

$$m_e = \pm 0.0012\text{m} = \pm 1.2\text{mm}$$

说明应用测算法测量井塔倾斜的方法是可行的,精度可以保证。

4.2 水准沉降法井塔倾斜监测技术

水准沉降法也是进行倾斜监测的可靠手段。对于井塔而言,可以通过精密水准方法测量得到井塔基础部分两监测点的沉降差和水平距离,进而推算主体的倾斜值。这里对该方法进行了改进,运用空间几何知识,建立拟合下沉面,推求任意方向的微倾角,从而获得井塔的水平位移。考虑到《工程测量规范》中规定地表沉陷和地下管线变形的监测精度要求不低于三等,而且重要地下建(构)筑物的结构变形和地基基础变形宜用二等精度,故而设计二等精密水准测量进行井塔倾斜监测。水准测量等级以及主要技术指标要求见表4-4。

表 4-4   **垂直位移监测网的主要技术要求**

等级	变形观测点的高程中误差(mm)	每站高差中误差(mm)	往返较差、附合或环线闭合差(mm)	检测已测高差较差(mm)
一等	0.3	0.07	$0.15\sqrt{n}$	$0.2\sqrt{n}$
二等	0.5	0.15	$0.30\sqrt{n}$	$0.4\sqrt{n}$
三等	1.0	0.30	$0.60\sqrt{n}$	$0.8\sqrt{n}$
四等	2.0	0.70	$1.40\sqrt{n}$	$2.0\sqrt{n}$

4.2.1 井塔任意点沉降量计算模型

如果井塔出现不均匀沉降,必将导致点位发生水平方向上的位移,故而可以利用累计沉降值获得相应的累计下沉面,有模型方程:

$$\hat{h}_i = f(x_j, y_j) = a + bx_j + cy_j \quad (i = 1, 2, \cdots, m; j = 1, 2, \cdots, n) \qquad (4\text{-}5)$$

式中,i 为观测的期数,j 为建模监测点的个数。

给出对应的误差方程,同时将其写成矩阵形式,即有

$$H = XB + V \qquad (4\text{-}6)$$

式中,

$$H = \begin{bmatrix} h_1 \\ h_2 \\ \vdots \\ h_m \end{bmatrix} \quad X = \begin{bmatrix} 1 & x_1 & y_1 \\ 1 & x_2 & y_2 \\ \vdots & \vdots & \vdots \\ 1 & x_m & y_m \end{bmatrix} \quad B = \begin{bmatrix} a \\ b \\ c \end{bmatrix} \quad V = \begin{bmatrix} v_1 \\ v_2 \\ \vdots \\ v_m \end{bmatrix}$$

如果井塔周围布设有 3 个以上点,那么可以根据最小二乘原理解得拟合平面法向量:

$$\boldsymbol{n}_{拟} = \{b, c, -1\} \qquad (4\text{-}7)$$

4.2.2 井塔水平位移公式推导

1. 计算倾斜面与水平面夹角 θ

角 θ 可以直接利用拟合平面和水平面的法向量求出。但是实际工作中更有价值的是最大倾斜量,因此假设称以 $\boldsymbol{n}_{拟}$ 为法向量且通过点 p、q 的平面为倾斜面是合适的,其中 p、q 为所有点中相对变形量最大的两点,如图 4-3 所示。

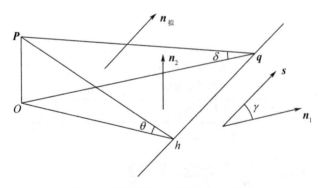

图 4-3 倾斜面与水平面夹角示意图

则有向量 $\boldsymbol{pq}$ 在水平面上的投影 $\boldsymbol{n}_1$ 和 xoy 平面的法向量 $\boldsymbol{n}_2$:

$$\boldsymbol{n}_1 = \{x_q - x_p, y_q - y_p, 0\} \qquad (4-8)$$

$$\boldsymbol{n}_2 = \{0, 0, 1\} \qquad (4-9)$$

拟合面与水平面交线方向向量可以表示成：

$$\tan\delta = \frac{|h_p - h_q|}{\sqrt{(x_p - x_q)^2 + (y_p - y_q)^2}} \qquad (4-10)$$

$$\boldsymbol{s} = \boldsymbol{n}_{拟} \cdot \boldsymbol{n}_2 \qquad (4-11)$$

那么，根据向量之间的关系易求 $\angle oqh$ 即 γ，则

$$\cos\gamma = \frac{\boldsymbol{s} \cdot \boldsymbol{n}_1}{|\boldsymbol{s}| \cdot |\boldsymbol{n}_1|} \qquad (4-12)$$

则可解得夹角 θ：

$$\theta \approx \tan\theta = \frac{\delta}{\sqrt{1 - \cos^2\gamma}} \qquad (4-13)$$

2. 计算方位角 α 方向的微倾角

矿井的日常生产中，更关心的是某 α 方向的微倾角，进而可以判断主井在各方向上的倾斜状况，从而求出水平位移。下面推导 α 方向的微倾角。

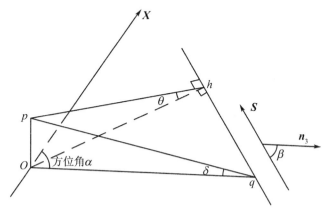

图 4-4　α 方向微倾角计算示意图

图 4-4 中，有

$$n_3 = \{\cos\alpha, \sin\alpha, 0\} \tag{4-14}$$

$$\cos\beta = \frac{s \cdot n_3}{|s| \cdot |n_3|} \tag{4-15}$$

其中，s 为拟合面与水平面交线的方向向量；n_3 为 pq 在水平面投影上的方向向量；h 为二面角顶点。由于实际变形中引起的倾斜角为 θ，$\delta \ll 3°$，故可解得

$$\delta = \sqrt{(1-\cos^2\beta) \cdot (1-\cos^2\theta)} \tag{4-16}$$

至此获得 α 方向的微倾角 δ。

3. 水平偏移量计算公式

α 方向的垂直平面中有如下几何关系，如图 4-5 所示，水平位移 $\Delta\varepsilon$ 和倾斜引起的沉降量 Δh：

$$\begin{cases} \Delta\varepsilon = \delta \cdot h \\ \Delta h = \Delta\varepsilon \cdot \delta \end{cases} \tag{4-17}$$

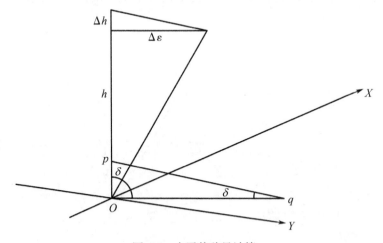

图 4-5　水平偏移量计算

图中，h 为变形分析面与倾斜面间的距离。

另外,可以利用微倾角 δ 来计算主井提升轴在垂直方向的偏移量。矿井生产中,提升轴应该保持水平。如果倾角超过限值,将加速提升钢丝老化,缩短使用寿命,增加额外经济负担。若提升主轴宽度为 l,则 $\Delta h = l \cdot \delta$,$\Delta \delta = \delta \cdot 206265''$,$\Delta \delta$ 方向与 α 方向一致。

4.3 井塔倾斜监测案例

4.3.1 水平角法倾斜监测案例

以华东某矿的井塔偏斜数据为例,进行数据处理和变形分析。井塔倾斜程度一般可以用 i 字母表示,为斜率。假定井塔高度为 h,井塔上部与下部偏距(相对位移量)为 e,倾斜角为 α,从而确定倾斜率数学模型为

$$i = \tan\alpha = \frac{e}{h} \tag{4-18}$$

表 4-5 和表 4-6 列出了在 P1,P2 两个测站观测的主井塔偏斜情况。

表 4-5　　主井塔偏斜(P1 测站,几何测算法)计算表　　(单位:m)

观测序号	1	2	3	4	5
	2000.03.11	2000.07.13	2000.09.15	2000.11.24	2001.03.22
起始偏距	0.05706	0.05706	0.05706	0.05706	0.05706
本次偏距	0.05706	0.05663	0.05523	0.05577	0.05605
本次偏距差	0.0	−0.00043	−0.00140	0.00054	0.00028
本次倾斜	0.0	−1/124021	−1/38092	1/98757	1/190461
累计偏距差	0.0	−0.00043	−0.00183	−0.00129	−0.00101
累计倾斜	0.0	−1/124021	−1/29142	−1/41340	−1/52801

注:(1)表中偏距差前边的正号表示"向南偏";负号表示"向北偏"。
(2)上、下两标志间的高差 $h = 53.329$m。

表 4-6　　　　主井塔偏斜(P1 测站,几何测算法) 计算表　　　（单位:m)

观测序号	1	2	3	4	5
	2000.03.11	2000.07.13	2000.09.15	2000.11.24	2001.03.22
起始偏距.	0.05178	0.05178	0.05178	0.05178	0.05178
本次偏距	0.05178	0.05501	0.06258	0.06041	0.05771
本次偏距差	0.0	0.00323	0.00757	−0.00217	−0.00270
本次倾斜	0.0	1/17963	1/7664	−1/26737	−1/21489
累计偏距差	0.0	0.00323	0.01080	0.00863	0.00593
累计倾斜	0.0	1/17963	1/5372	1/6723	1/9784

注:(1)表中偏距差前边的正号表示"向西偏";负号表示"向东偏"。
(2)上、下两标志间的高差 h = 58.020m。

　　根据表中数据可以看出:主井塔西偏,且南偏,但向西偏的值要大得多。将主井塔在西、南方向的偏斜量合成后,可知主井塔的实际偏斜量在 2000 年 9 月 15 日达到最大,为 11.0mm,其偏斜方位角为 279°37′。随着注浆工程的结束,偏斜量逐渐减小。在 2001 年 3 月 22 日其偏斜量为 6.0mm,偏斜方位角为 279°40′。表 4-7 给出了主井塔在各期监测中偏斜量及方位角的动态变化过程。

表 4-7　主井塔在各期监测中偏斜量及方位角的动态变化过程

观测序号	1	2	3	4	5
	2000.03.11	2000.07.13	2000.09.15	2000.11.24	2001.03.22
合成偏距(m)	0	0.00326	0.00770	0.00224	0.00271
方位角	0	277°34′59″	280°28′05″	103°58′27″	95°55′14″

　　根据表中数据可知,主井塔的实际偏斜量和偏斜方向在注浆期间是不断变化的。

4.3.2　水准沉降法井塔倾斜监测案例

　　山东某矿主井井塔高 68m,沿井塔底部的外围布设 6 个垂直变形监测点(分布如图 4-6 所示),同时在塔顶布设有 C 级 GPS 监测网。从 2000 年 3 月 21 日到 2001 年 3 月 22 日共观测 22 期精密水准,现以 2000 年 11 月 12 日观测得到的数据为基础进行分析,原始数据见表 4-8(取提升轴平行方向为 x 轴方向)。

表 4-8 控制点原始数据

点号	1	3	4	5	6	7
X 坐标(m)	0.00	20.20	20.40	20.40	7.92	0.33
Y 坐标(m)	−0.10	0.00	−11.70	−17.96	−18.60	−18.60
累计下沉值(mm)	−11.55	−13.87	−12.32	−11.18	−10.7	−7.09

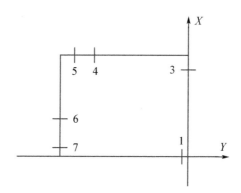

图 4-6 变形点分布图

由测量数据可知,7 号与 3 号点间相对变形量最大,故而以此为依据计算主井塔形变引起的主轴方向微倾量。

(1)求拟合面与水平面交角 θ

根据式(4-7)有:

$$\boldsymbol{n}_{拟} = \{-0.147600, -0.1623400, -1\}$$

那么,由式(4-13)得:

$$\theta \approx \tan\theta = \frac{\delta_1}{\sqrt{1-\cos^2\gamma}} = 0.00025063$$

（2）求 α 方向微倾角

提升主轴方向为 $\alpha=0$ 方向，即 $\boldsymbol{n}_3=\{1,0,0\}$。据式（4-12），得

$$\delta=\sqrt{(1-\cos^2\beta)(1-\cos^2\theta)}=0.000169$$

（3）求 $\Delta\varepsilon$、Δh

提升主轴方向为 $\alpha=0$ 方向。由式（4-13），得

$$\Delta\varepsilon=\delta\cdot h=11\text{mm}\qquad \Delta h=l\cdot\delta=0.34\text{mm}$$

同理，求出主轴垂直 $\alpha=90°$ 方向，即 $\Delta\varepsilon=12.6\text{mm}$，$\Delta h=l\cdot\delta=0.37\text{mm}$。

4.4　本章小结

本章介绍了全站仪水平角法井塔倾斜监测技术，推导了水准沉降法井塔倾斜监测方法。全站仪井塔倾斜监测方法操作简单有效，但受大气影响较大；水准沉降法井塔倾斜位移监测方法的理论严密，运算简便，几何特征清晰，但受到井筒结构影响较大，应用时应谨慎。

第5章 井筒中线变形监测技术

井筒中线变形是进行罐道调整、井筒治理的基础,可采用应变传感器、光纤传感器、激光传感器等多种手段进行监测。但由于井筒构造复杂、内部环境极差,很难做到高精度可靠监测。本章采用四基准垂线法,提出可靠的、毫米级井筒中线变形监测方法。就监测方案设计、外业施测、井壁中线拟合及数据模型进行详细阐述,最后给出两个井筒中线变形监测的实际案例。

5.1 基本原理

本节将介绍井筒中线变形监测技术所采用的基本原理,即四基准垂线法,通过测量投放的四根钢丝平面和高程信息,反演井筒中心线;在测定钢丝线的平面坐标时,可采用极坐标法或者前方交会法进行坐标测定。

5.1.1 四基准垂线法

四基准垂线法井筒变形监测采用重锤投放四根钢丝,由其中的两根钢丝进行水平定向,通过专用尺测量井壁特征点到钢丝的水平距离,进行拟合,反演井筒与井筒中心线,精度为毫米级。高程由罐笼提升系统给出,精度为厘米级。如图 5-1 所示,A 点和 B 点为井筒附件的已知平面控制点,所示圆为井筒某一横断面,$P1 \sim P4$ 为四根钢丝垂线在该横断面上的投影点,四者尽量构成矩形,共确定四个方向线 $P1 \sim P2, P2 \sim P3, P3 \sim P4, P4 \sim P1$。$Q1 \sim Q8$ 为井筒内壁上的 8 个特征点,位于方向线的延长线上。可采用激光测距仪或者塔尺量取 $d1 \sim d8$ 的数值,由已知点 A, B,通过极坐标法或者前方交会法求

取 $P1 \sim P4$ 点平面坐标,结合高程信息,采用最小二乘拟合模型获得井筒与井筒中心线。

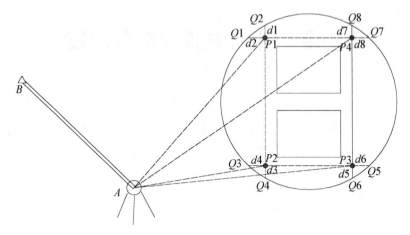

图 5-1　四基准垂线法井筒变形监测示意图

5.1.2　钢丝线坐标测量

可采用极坐标法或者前方交会法进行四根钢丝的平面坐标测量。也可灵活采用其他测量方法,旨在提供变形监测的基准。

1.极坐标法

图 5-2 是钢丝的平面坐标极坐标测量法示意图。该方法的具体步骤如下:

① 按照支导线的测量方法,引出两个支点 B、G,其中点 A、M 为已知点。

② 在点 B 架设全站仪,以点 A 为后视,测量 $\angle ABC$、$\angle ABD$、$\angle ABE$、$\angle ABF$ 相应的水平角以及点 B 到点 C、D、E、F 的距离。

③ 根据方位角和距离计算 C,D,E,F 四点的坐标。当 C,D,E,F 不能通视的情况下,可将仪器架设于 G 点,对 D,E 进行坐标测量。

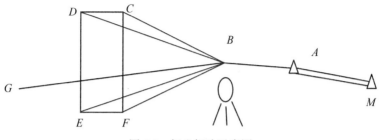

图 5-2　极坐标法示意图

2.前方交会法

图 5-3 是钢丝的平面坐标前方交会测量法示意图。该方法的具体步骤如下：

① 在 B 点架设全站仪，以 G 点为后视，然后按照全圆观测法，依次照准 C、D、E、F 四点。需要观测两个测回，然后计算得到∠EBG、∠DBG、∠CBG、∠FBG 的值。

② 在 G 点架设全站仪，以 B 点为后视，然后按照全圆观测法，依次照准 C、D、E、F 四点。需要观测两个测回，然后计算得到∠EGB，∠DGB，∠CGB，∠FGB 的值。

③ 根据已知的长度 BG 计算 C、D、E、F 四点的坐标。

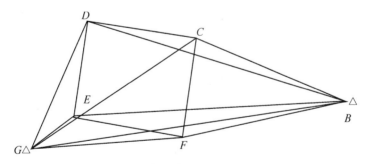

图 5-3　前方交会测量法示意图

5.2　野外施测

施测前的准备工作包括收集地质水文及井筒结构资料,购置测量需要的特殊材料,完成详细设计。野外实测的内容包括钢丝垂线基准确定、井壁与钢丝距离测定。所需的主要设备有:

① 全站仪:用于测量垂线坐标,建立高精度的垂线基准;

② 反射片:用于全站仪目标照准;

③ 塔尺/手持式激光测距仪:用于量测井筒内点至钢丝垂线距离;

④ 钢尺:用于较长的距离测量,比如量取地面点与钢丝基准线的距离;

⑤ 小钢卷尺:用于短距离测量,比如量取全站仪仪器高等;

⑥ 其他:钢丝、棱镜、垂球、反射贴片、对讲机、照明设备、地面控制点安置设备等。

5.2.1　测量基准

变形测量的平面基准通过重锤投放四根钢丝建立,钢丝投放的主要设备包括:缠绕钢丝的手摇绞车、小垂球、定向垂球、滑轮、钢丝、定点板、大水桶等。建立过程如下:

① 将钢丝穿过固定在井架横梁上的滑轮并且挂上小垂球,然后手摇绞车使得小垂球均匀且缓慢地下放,这是以便检查钢丝是否弯曲以及减少钢丝的摆动。

② 当收到小垂球到达定向水平的信号后,停止下放并且闸住绞车,然后将钢丝卡入定点板内,同时在定向水平上取下小垂球,换而挂上定向垂球。挂好定向垂球后,需要检查定向垂球是否和桶底、桶壁有接触。

③ 完成上述工作后,需要采用信号圈法和比距法同时进行的方法检查垂球线在井筒内是否自由悬挂。信号圈法是将适当重量的小圈套在钢丝上下放。如果其能够到达定向水平,说明垂球线是自由悬挂,否则相反。比距法是在井下测量四根钢丝之间的距离。如果

井上、井下量得的距离之差不大于 2mm,认为垂球线是自由悬挂,否则相反。

同地表坐标测算类似,垂线坐标的测定通常采用极坐标法和前方交会法。因为观测目标是钢丝,且位于主井上方,导致无法架设棱镜,所以要使用反射贴片。钢丝稳定之后,将反射贴片粘贴在钢丝上。反射贴片的粘贴要满足以下要求:

a.点位视野开阔,通视良好;

b.反射贴片的中心的轴线尽可能与钢丝重合;

c.粘贴反射贴片时,工作人员要尽量地将反射贴片贴紧,避免贴片被井风吹落;同时注意安全,避免异物跌落矿井。贴片粘贴完成之后,可以开展钢丝坐标测定的工作。

高程基准直接通过下降或上升罐笼划分出多个测量断面,断面间隔平均为 5m,以便后续的断面测量;具体的下降距离及记录,在绞车房进行,由专人负责记录数据与调度指挥。表 5-1 给出某井筒实际测量的记录表。

表 5-1   绞车房截面高度记录表

南截面编号	设计测量高度/m	实际高度/m	北截面编号	设计测量高度/m	实际高度/m
1	50	50.4	1	539	
2	60	60.5	2	529	
3	70	70.1	3	519	
4	80	79.6	4	509	
5	90	89.9	5	499	
6	100	100.4	6	489	
7	105	104.8	7	484	
8	113	112.9	8	479	
9	121	121.1	9	474	
10	129	129.2	10	469	

5.2.2　测量步骤

① 投放钢丝:尽量使 $P1,P2,P3,P4$ 成矩形。

② 钢丝坐标测量:采用极坐标法或者前方交会法,精确测量 $P1,P2,P3,P4$ 的平面坐标。

③ 测量人员准备:测量人员穿好防水衣,系好安全带,进入罐笼顶部,准备测量。

④ 高程控制:安排专人在绞车房,按设计测量截面的高程调节罐笼高度,并记录实际断面高程数据,见表 5-2。

表 5-2　　　　　　　　　　断面特征点高程记录表

断面 / 高程		特征点 点号	1	2	3	4	环境记录
1		一	1.311	1.873	1.274	1.746	
		二	1.306	1.879	1.282	1.745	
		三	1.305	1.870	1.275	1.742	
		平均					
2		一			1.324	1.777	
		二			1.318	1.898	
		三			1.305		
		平均					

⑤ 断面测量:利用两根钢丝定向,用塔尺测量井壁特征点与钢丝距离,获取 $d1 \sim d8$ 的数值。以 $d1$ 测量为例说明,$P2,P1$ 点用于定向,量取 $P1$ 至井壁 $Q1$ 的距离 $d1$,由记录人员记录相关数据。测点选取井壁内钢筋露头处为宜,保证 8 个测量点处于同一横断面内,尽

量避免施工等原因造成井壁凸出。利用塔尺或测距仪测量测点至垂线的距离,依靠相应的两根钢丝进行定向,保证垂直的几何关系,比如 Q7P4⊥Q8P4Q6,每点测量 3 次,读数至毫米位。表 5-3 给出断面南、北两个截面 8 个测量点的测量记录。

表 5-3　　　　　断面测量原始数据记录表

南截面编号	1	2	3	4	备注
1	1.311	1.873	1.274	1.745	无水
	1.306	1.879	1.282	1.746	
			1.282	1.742	
平均值	1.309	1.876	1.279	1.744	
2	1.297	1.796	1.324	1.898	无水
	1.304	1.803	1.318	1.905	
平均值	1.301	1.800	1.321	1.902	
3	1.305	1.837	1.282	1.902	无水
	1.301	1.846	1.287	1.895	
平均值	1.303	1.842	1.285	1.899	
4	1.286	1.868	1.233	1.915	无水
	1.290	1.876	1.230	1.918	
平均值	1.288	1.872	1.232	1.917	
5	1.303	1.833	1.294	1.805	无水
	1.304	1.836	1.296	1.799	
平均值	1.304	1.835	1.295	1.802	

续表

北截面编号	5	6	7	8	备注
1	1.200	1.455	1.213	1.426	
	1.203	1.458	1.215	1.420	
	1.196	1.456	1.217	1.427	
平均值	1.200	1.456	1.215	1.424	
2	1.182	1.503	1.180	1.465	
	1.183	1.504	1.178	1.468	
	1.185	1.502	1.183	1.473	
平均值	1.183	1.503	1.180	1.469	
3	1.173	1.499	1.162	1.402	
	1.175	1.496	1.162	1.405	
	1.174	1.497	1.160	1.401	
平均值	1.174	1.497	1.161	1.403	
4	1.140	1.470	1.150	1.398	
	1.139	1.473	1.147	1.395	
	1.141	1.472	1.145	1.393	
平均值	1.140	1.472	1.147	1.395	
5	1.169	1.409	1.173	1.442	
	1.168	1.408	1.170	1.438	
	1.168	1.405	1.165	1.445	
平均值	1.168	1.407	1.169	1.442	

⑥ 数据整理:以测量值 $d1 \sim d8$ 为基础,获取每个断面上 8 个测点的平面坐标,以每个断面上 8 个测点坐标为基础,根据数据处理模型确定断面的中心坐标和半径,再结合已知高程值实现井筒内壁的重建和中线的拟合,详见 5.3 节。

5.3　井筒井壁中线拟合

利用测量得到的四基准钢丝线的高程和平面坐标信息,计算出每个断面的圆心坐标和半径,进而拟合出井筒井壁中线,建立井筒变形模型。

5.3.1　测点坐标计算

以计算 Q_1 点的坐标为例。已知其相应的两条定向垂线是 P_1、P_4,那么 Q_1、P_1、P_4 三者共线,则该测点到垂线 P_1 的距离与垂线 P_1、P_4 间的距离有如下的几何关系:

$$\begin{cases} \dfrac{x_{P_4}-x_{P_1}}{x_{P_1}-x_{Q_1}}=\dfrac{l_{P_4P_1}}{l_{Q_1P_1}} \\[2mm] \dfrac{y_{P_4}-y_{P_1}}{y_{P_1}-y_{Q_1}}=\dfrac{l_{P_4P_1}}{l_{Q_1P_1}} \end{cases} \tag{5-1}$$

式中,x_{P_1}、y_{P_1} 分别为垂线 P_1 的横、纵坐标值;x_{P_4}、y_{P_4} 分别为垂线 P_4 的横、纵坐标值;$l_{P_4P_1}$ 为垂线 P_1、P_4 间的距离;$l_{Q_1P_1}$ 为测点 Q_1 到垂线 P_1 的距离;x_{Q_1}、y_{Q_1} 分别为所要求的测点 Q_1 的横、纵坐标值。

求解上述方程组,就可以得到测量 Q_1 的平面坐标 (x_{Q_1},y_{Q_1}),同理可以获得所有测点的平面坐标。此外,测点的高程是由绞车房控制系统确定,即在划分断面时设定。

5.3.2　井壁中线建模

要想实现井壁重建与中线拟合,必须利用每个断面上的 8 个测点的坐标值计算出每个断面的圆心坐标 (x,y) 和半径 R,进而得到井筒的三维变形模型。

假设井筒井壁某一断面上的测点 $Q_1 \sim Q_8$ 的坐标为 (x_i,y_i),其中 $i=1,2,\cdots,8$;截面中心坐标为 (x,y),截面半径为 R,则存在如下方程:

77

$$\begin{cases} (x-x_1)^2+(y-y_1)^2=R^2 \\ (x-x_2)^2+(y-y_2)^2=R^2 \\ \quad\cdots \\ (x-x_8)^2+(y-y_8)^2=R^2 \end{cases} \tag{5-2}$$

以 $x_0=\sum_{i=1}^{8} x_i/8, y_0=\sum_{i=1}^{8} y_i/8, R_0=\sqrt{(x_0-x_1)^2+(y_0-y_1)^2}$ 为初值将式(5-2)线性化,得误差方程如式(5-3)所示,其中:

$$\underset{3\times 1}{X}=\begin{bmatrix} \delta x \\ \delta y \\ \delta R \end{bmatrix}, \underset{8\times 3}{A}=\begin{bmatrix} (x-x_1)/R_0 & (y-y_1)/R_0 & -1 \\ (x-x_2)/R_0 & (y-y_2)/R_0 & -1 \\ \vdots & \vdots & \vdots \\ (x-x_8)/R_0 & (y-y_8)/R_0 & -1 \end{bmatrix},$$

$$\underset{8\times 1}{L}=\begin{bmatrix} R_0-\sqrt{(x_0-x_1)^2+(y_0-y_1)^2} \\ R_0-\sqrt{(x_0-x_2)^2+(y_0-y_2)^2} \\ \vdots \\ R_0-\sqrt{(x_0-x_8)^2+(y_0-y_8)^2} \end{bmatrix} \tag{5-3}$$

然后,基于一定的数据处理模型(详见 5.4 节)求解得到中心坐标和半径,最后结合已知高程值通过多项式拟合的方法得到井筒的三维变形模型,如图 5-4 所示。

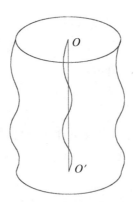

图 5-4　井筒变形示意图

结合地质情况,绘制变形区域与含水层、岩层的相对位置关系,辅助注浆(实际注浆需要对井筒沉降及倾斜进行周期性监测)。

5.4 变形拟合模型

式(5-2)给出了井筒中心线拟合的基本模型,图 5-5 给出了井筒中线测量与井筒变形拟合的技术路线。通过测量井壁特征点在截面上的位置,以及截面的高程信息,拟合出井筒的中心线及井筒,通过分析,建立井筒三维变形模型。

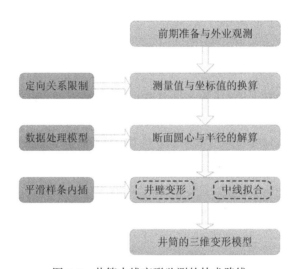

图 5-5 井筒中线变形监测的技术路线

5.4.1 经典最小二乘原理

在测量数据处理中,最常用的是高斯-马尔可夫模型,其函数模型和随机模型分别如式(5-4)、式(5-5)所示:

$$\underset{m\times1}{L} + \underset{m\times1}{\Delta} = \underset{m\times n}{A}\underset{n\times1}{X} \tag{5-4}$$

$$\begin{cases} E(\Delta) = 0 \\ \Sigma = \sigma_0^2 Q = \sigma_0^2 P^{-1} \end{cases} \tag{5-5}$$

其中, L 为观测向量, X 为待求参数向量, A 为系数矩阵, 且满足 $\mathrm{Ran}(A)=n<m$, Δ 为 L 的随机误差向量, Σ 为 Δ 的协方差阵, Q 为协因数阵, P 为权阵, σ_0 为单位权中误差。

若仅考虑观测向量误差, 则其误差方程式为:

$$V=AX-L \tag{5-6}$$

式中, V 为残差向量(或改正数向量), 其最小二乘平差准则为:

$$V^{\mathrm{T}}PV=\min \tag{5-7}$$

则待求参数 X 的最小二乘估计为:

$$X=(A^{\mathrm{T}}PA)-LA^{\mathrm{T}}PL \tag{5-8}$$

5.4.2　抗差整体最小二乘

1. EIV 模型

最小二乘估计的一个基本前提是仅观测向量存在误差。当系数矩阵 A 也存在误差时(如 A 由观测向量构成), 基于残差加权平方和最小的平差准则的最小二乘解求不出最优解, 高斯-马尔可夫模型不再适用。此时可以采用变量误差模型, 其函数模型和随机模型分别为

$$L-\Delta_L=(A-\Delta_A)X \tag{5-9}$$

$$\begin{bmatrix} \Delta_L \\ \mathrm{vec}(\Delta_A) \end{bmatrix} \sim \left(\begin{bmatrix} 0 \\ 0 \end{bmatrix}, \sigma_0^2 \begin{bmatrix} Q_L & 0 \\ 0 & Q_A \end{bmatrix} \right) \tag{5-10}$$

式中, L、X、A 和 σ_0 同式(5-4)、式(5-5), Δ_L 为 L 的随机误差向量, Δ_A 为 A 的随机误差向量, $\mathrm{vec}(\cdot)$ 为矩阵列向量化算子, Q_L 和 Q_A 分别为 Δ_L 和 Δ_A 的协因数阵。

EIV 模型求解待求参数 X 的优估值的可以表示为约束优化问题:

$$\min_{\Delta_L,\Delta_A} \| (\Delta_L,\Delta_A) \|_F \tag{5-11}$$

式中, $\| \cdot \|_F$ 为矩阵的 Fronenius 范数。

若 Q_L 和 Q_A 为单位阵, 则称为等权整体最小二乘, 此时可采用基于奇异值分解和最小奇异值两种直接解法。

2.基于 SVD 的整体最小二乘算法

将式(5-9)改写为：

$$(B+E) \cdot \begin{bmatrix} X^{\mathrm{T}} \\ -1 \end{bmatrix} = 0 \qquad (5\text{-}12)$$

式中，$B=[A,L]$，$E=[\Delta_A,\Delta_L]$。其约束条件为 $\parallel E \parallel_F = \min$。

对式(5-12)模型的解算，数学上通常采用矩阵奇异值分解来求解整体最小二乘最优解。解算过程如下，首先对增广矩阵 B 进行奇异值分解：

$$B = \begin{bmatrix} U_1 & U_2 \\ n+1 & m-(n+1) \end{bmatrix} \begin{bmatrix} D \\ 0 \end{bmatrix} V^{\mathrm{T}} \qquad (5\text{-}13)$$

式中，$U = [U_1 \quad U_2] \in B^{m \times m}$ 为矩阵 BB^{T} 的 m 个特征向量组成的正交矩阵，$V \in B^{(n+1) \times (n+1)}$ 为矩阵 BB^{T} 的 $n+1$ 个特征向量组成的正交矩阵，$D = \mathrm{diag}(\sigma_1, \sigma_2, \cdots, \sigma_{n+1})$ 为矩阵 B 的奇异值，其中 $\sigma_1 \geqslant \sigma_2 \geqslant \cdots \geqslant \sigma_{n+1}$。

根据 Eckart-Young-Mirsky 矩阵逼近定理，矩阵 B 的最佳逼近矩阵 $\hat{B}$ 必然满足：

$$\sigma_{n+1} = \min_{\mathrm{rank}(\hat{B})=m} \parallel B-\hat{B} \parallel_F \qquad (5\text{-}14)$$

则待求参数 X 的整体最小二乘估计为：

$$X = \frac{-1}{\sigma_{n+1,n+1}} [\sigma_{1,n+1} \quad \sigma_{2,n+1} \quad \cdots \quad \sigma_{n,n+1}] \qquad (5\text{-}15)$$

3.加权整体最小二乘抗差算法

当观测向量含有粗差时，选取适当的抗差算法调整对应的权大小，充分利用观测向量中的有效信息，剔除不利信息，使得待求参数尽量避免受到粗差的污染。此时观测向量和系数矩阵对应不同精度，基于非线性拉格朗日函数，采用迭代算法求出加权整体最小二乘最优解。

(1)加权整体最小二乘迭代算法

若令式(5-9)中 $e_L = \Delta_L$，$e_A = \mathrm{vec}(\Delta_A)$，则约束准则可表示为：

$$e_L^{\mathrm{T}} Q_L^{-1} e_L + e_A^{\mathrm{T}} Q_A^{-1} e_A = \min \tag{5-16}$$

令

$$X = X_{(i)} + \delta X$$
$$\Delta_A = \Delta_{A(i)} + \delta \Delta_A \tag{5-17}$$
$$A_{(i)} = A - \Delta_{A(i)}$$

式中，δX 和 $\delta \Delta_A$ 分别为 $X_{(i)}$ 和 $\Delta_{A(i)}$ 的改正值。则有：

$$L - \Delta_L = (A - \Delta_A) X = A X_{(i)} + A_{(i)} \delta X - \delta \Delta_A X_{(i)} - \delta \Delta_A \delta X \tag{5-18}$$

忽略式(5-18)中微小值 $\delta \Delta A \delta X$，结合式(5-16)的约束准则构造拉格朗日目标函数：

$$\Phi(e_L, e_A, X, K) = e_L^{\mathrm{T}} Q_L^{-1} e_L + e_A^{\mathrm{T}} Q_A^{-1} e_A + 2 K^{\mathrm{T}} (L - e_L - A X_{(i)} - A_{(i)} \delta X$$
$$+ (X_{(i)}^{\mathrm{T}} \otimes I_m) e_A) \tag{5-19}$$

式中，$(X_{(i)}^{\mathrm{T}} \otimes I_m) e_A = \Delta_A X_{(i)}$，$\otimes$ 为矩阵的 Kronecker 积。对各变量求偏导并令导数为零，得：

$$\frac{\partial \Phi}{2 \partial e_L} = Q_L^{-1} \tilde{e}_L - \hat{K} = 0$$

$$\frac{\partial \Phi}{2 \partial e_A} = Q_A^{-1} \tilde{e}_A + (X_{(i)}^{\mathrm{T}} \otimes I_m) \hat{K} = 0$$

$$\frac{\partial \Phi}{2 \partial X} = -A_{(i)}^{\mathrm{T}} \hat{K} = 0 \tag{5-20}$$

$$\frac{\partial \Phi}{2 \partial K} = (L - \tilde{e}_L - A X_{(i)} - A_{(i)} \delta \hat{X} + (X_{(i)}^{\mathrm{T}} \otimes I_m) \tilde{e}_A) = 0$$

式中，~ 表示预测值，^ 表示估计值。由式(5-20)可得待求参数改正量：

$$\delta \hat{X}_{(i+1)} = (A_{(i)}^{\mathrm{T}} Q_{c(i)}^{-1} A_{(i)})^{-1} A_{(i)}^{\mathrm{T}} Q_{c(i)}^{-1} (L - A X_{(i)}) \tag{5-21}$$

式中，$Q_{c(i)} = Q_L + (X_{(i)}^{\mathrm{T}} \otimes I_m) Q_A (X_{(i)} \otimes I_m)$，迭代后更新的待求参数为：

$$X_{(i+1)} = X_{(i)} + \delta \hat{X}_{(i+1)} \tag{5-22}$$

迭代后预测残差向量为：

$$\tilde{e}_{L(i+1)} = \boldsymbol{Q}_L \boldsymbol{Q}_{c(i)}(\boldsymbol{L} - \boldsymbol{A}\boldsymbol{X}_{(i)} - \boldsymbol{A}_{(i)}\delta\hat{\boldsymbol{X}}_{(i+1)})$$
$$\tilde{e}_{A(i+1)} = -\boldsymbol{Q}_A(\boldsymbol{X}_{(i)} \otimes \boldsymbol{I}_m)\boldsymbol{Q}_{c(i)}^{-1}(\boldsymbol{L} - \boldsymbol{A}\boldsymbol{X}_{(i)} - \boldsymbol{A}_{(i)}\delta\hat{\boldsymbol{X}}_{(i+1)})$$

(5-23)

按照式(5-21)进行迭代计算,当 $\|\delta\hat{\boldsymbol{X}}_{(i+1)}\| \leqslant \varepsilon$ 时(ε 为预设阈值),停止迭代,即可得出加权整体最小二乘最优解。

（2）抗差算法

抗差因子起着调节观测信息对最优解贡献大小的功能。采用残差向量构建抗差因子,抗差因子 r_i 类似 IGG Ⅲ 函数表达式:

$$r_i = \begin{cases} 1, s_{v_k} \leqslant k_0 \\ \dfrac{k_0}{s_{v_k}} \times \left[\dfrac{k_1 - s_{v_k}}{k_1 - k_0}\right], k_0 \leqslant s_{v_k} \leqslant k_1 \\ 10^{-30}, s_{v_k} \leqslant k_1 \end{cases}$$

(5-24)

其中 k_0, k_1 为阈值参数,通常 k_0 取 1.5~2.0, k_1 取 3.0~8.5, s_{v_k}, σ_k 分别为标准化残差和基于中位数计算的方差因子,如式(5-25)计算。

$$\left. \begin{aligned} s_{v_k} &= \frac{|v_i|}{(\sigma_k \sqrt{q_{v_i}})} \\ \sigma_k &= 1.4826 \times \text{Median}\left(\frac{|v_i|}{\sqrt{q_{v_i}}}\right) \end{aligned} \right\}$$

(5-25)

式中, v_i 为观测残差 $\hat{\boldsymbol{V}}_k$ 的第 i 个残差值, q_{v_i} 为协因数中元素。杨元喜(2006)给出残差 $\boldsymbol{e}_L$、$\boldsymbol{e}_A$ 的协因数阵:

$$\boldsymbol{Q}_{e_{L(i+1)}} = M\boldsymbol{Q}_R M^T, \quad \boldsymbol{Q}_{e_{A(i+1)}} = N\boldsymbol{Q}_R N^T$$

(5-26)

式中, $M = \boldsymbol{Q}_L \boldsymbol{Q}_{c(i)}^{-1}$, $N = -\boldsymbol{Q}_A(\boldsymbol{X}_{(i)} \otimes \boldsymbol{I}_m)\boldsymbol{Q}_{c(i)}^{-1}$。若观测值不相关时,为独立观测,则抗差协因数 $\bar{q}_{v_i} = q_{v_i}/r_i$;若观测值相关,采用双因子模型, $\bar{q}_{v_i} = q_{v_i}/(\sqrt{r_i}\sqrt{r_j})$。采用抗差因子的改正协因数,可迭代求出加权整体最小二乘抗差最优解。

5.4.3 模拟数据验证

模拟圆心为(0,0)、半径为 5 的井筒截面上的 8 个井壁观测点坐标 $Q_1 \sim Q_8$,详见表 5-4。

表 5-4　　　　　　　　　　模拟井壁观测点坐标

点号	x_i	y_i	点号	x_i	y_i
Q_1	2.5000	4.3301	Q_5	−2.5000	−4.3301
Q_2	3.5355	3.5355	Q_6	−3.5355	−3.5355
Q_3	3.5355	−3.5355	Q_7	−3.5355	3.5355
Q_4	2.5000	−4.3301	Q_8	−2.5000	4.3301

设计以下三种方案：

方案一：不添加任何误差；

方案二：分别在 Q_1 点的 x 坐标、Q_2 点的 y 坐标加入 0.5、0.3 的模拟粗差；

方案三：所有点的坐标均加入均值为 0，方差为 0.05 的随机误差。

分别采用最小二乘算法（LS）、抗差最小二乘算法（RLS）、整体最小二乘算法（TLS）、抗差加权整体最小二乘算法（RWTLS）对上述方案求模拟圆心坐标及半径的最优解。基于以上四种算法分别对三种方案重复计算 1000 次取均值，得到圆心坐标 (x,y)、半径 (r) 及验后单位权中误差 (σ_0)，结果见表 5-5。

表 5-5　　　　　　　四种算法对三种方案的计算结果

方案	算法	x	y	R	σ_0
1	LS	0	0	5	0
	RLS	0	0	5	0
	TLS	0	0	5	0
	RWTLS	0	0	5	0
2	LS	0.0075	0.0014	5.0661	0.1450
	RLS	0	0	5	0
	TLS	0.0068	0.0013	5.0653	0.1381
	RWTLS	0	0	5	0

续表

方案	算法	x	y	R	σ_0
3	LS	−0.0072	0.0045	5.0012	0.0499
	RLS	0.0017	−0.0007	5.0010	0.0349
	TLS	−0.0009	0.0021	5.0011	0.0492
	RWTLS	−0.0005	0.0006	4.9992	0.0205

分析上述结果,可以看出:

① 方案一四种算法都可以计算出真值,说明当观测值不含任何误差时,四种算法等价。

② 方案二最小二乘算法、整体最小二乘算法不具有抵抗粗差的能力,计算出的圆心坐标和半径都受到粗差影响,结果与真值出现明显偏差;抗差最小二乘算法、抗差加权整体最小二乘算法通过迭代算法将含有粗差的观测值权阵调整到最小,使其对计算结果的无贡献,计算出的圆心坐标和半径与真值相当。

③ 方案三加入随机误差后,最小二乘算法、抗差最小二乘算法没有考虑系数阵误差从而导致计算出的圆心坐标和半径与真值误差较大,而整体最小二乘算法、抗差加权整体最小二乘算法通过改正系数阵,使计算出的待求参数与真值误差较小。

④ 方案三加入随机误差循环 1000 次后,最小二乘算法、整体最小二乘算法检验后中误差与所加随机误差方差相当,说明算法的准确性。同时因为抗差最小二乘算法、抗差加权整体最小二乘算法将随机误差中较大值作为粗差剔除,导致验后中误差较小,精度可靠,且抗差加权整体最小二乘算法优于抗差最小二乘。

5.5　实例应用

华东某矿主井深约 600m,主井井筒半径为 5.5m,该主井在近期运营中出现不平稳现象,主要表现为井筒变形(包括井筒倾斜和井壁凸出)。为消除安全隐患,确保煤矿安全生产,采用文中所提到的监测方案及加权整体最小二乘抗差算法进行计算,对实测井筒变形数据进行分析。其中井筒 - 300m 以下为基岩稳定区,重点监测 - 300m 以上表土冲积层部分。

5.5.1　定向钢丝坐标观测

1.已有控制点

现场业主提供了主井东侧位于路边的两 GPS 控制点,A 点位于主井门口东侧,M 点位于张双楼煤矿保卫科门口。控制点采用北京 54 坐标系,位于第 39 带。控制点点位稳定,通视良好。控制点成果见表 5-6。

表 5-6　　　　　　　　　　控制点坐标

点号	X	Y	H
A	3853143.485	39485029.495	36.464
M	3853134.950	39485138.802	36.492

现场观测首先对控制点 A,M 进行检核。检核结果见表 5-7。

表 5-7　　　　　　　　控制点边长检测表

边	全站仪观测值(m)	坐标反算值(m)	较差(m)	相对精度
AM	109.6548	109.642	0.0128	1.17×10^{-4}

由表 5-6、表 5-7 得出控制点检测精度满足规程要求,因此,点 A,M 可以作为本次变形监测控制测量起算点。

2.支导线点布设与观测

由于控制点 A,M 离主井较远,且主井周围存在各种障碍物,如铁门等,通视较差,故采用支导线的方法在主井周围引点。支导线点 B,G 分别位于主井的东、西侧,均可以较好地与钢丝通视。

每一测站需观测两个测回,如果目标点超过三个,采用全圆观测法。全圆观测法的限差见表 5-8。

表 5-8　　　　　　　全圆观测法各项限差(″)

经纬仪型号	光学测微器两次重合读数差	半测回归零差	一测回内2C 较差	同一方向各测回较差
DJ1	1	6	9	6
DJ2	3	8	13	9

5.5.2　极坐标法

1.目标点布设

由于观测目标是钢丝,且位于主井上方,无法架设棱镜,故采用反射贴片。待定向钢丝稳定后,在通视良好的位置贴上反射贴片。

反射贴片的粘贴均按以下要求执行:

① 点位视野开阔,通视良好;

② 由于矿井风较大,反射贴片需贴紧,防止被风吹落;

③ 反射贴片的中心的轴线、中心尽可能与钢丝重合;

④ 反射贴片的粘贴需注意安全,避免异物跌落矿井。

2.观测与点位成果

本方案观测使用 Leica TCA 2003 全站仪进行观测。以 A 点为后视点,B 点为测站点,采用全圆观测法,观测两个测回,分别观测四根钢丝的方向与距离,并保证每次观测符合限差要求。定向钢丝点位计算结果见表 5-9、表 5-10。

表 5-9　　　　　　6 月 22 日极坐标法钢丝点位成果

点号(方位)	X	Y
F(东南)	3853134.600	39484988.632
E(西南)	3853134.452	39484985.715
D(西北)	3853135.912	39484985.652
C(东北)	3853136.003	39484988.596

表 5-10 **6 月 27 日极坐标法点位观测成果**

点号(方位)	X	Y
F(东南)	3853134.595	39484988.634
E(西南)	3853134.448	39484985.715
D(西北)	3853135.908	39484985.656
C(东北)	3853135.998	39484988.595

5.5.3 前方交会法

在 B、G 两点分别架设仪器,并以另外一点作后视置零,分别观测目标钢丝 F、E、D、C 的角度。

计算结果分别见表 5-11、表 5-12。

表 5-11 **6 月 22 日前方交会法钢丝点位成果**

点号(方位)	X	Y
F(东南)	3853134.593	39484988.619
E(西南)	3853134.454	39484985.734
D(西北)	3853135.911	39484985.655
C(东北)	3853136.001	39484988.602

表 5-12 **6 月 27 日前方交会法钢丝点位成果**

点号(方位)	X	Y
F(东南)	3853134.593	39484988.619
E(西南)	3853134.450	39484985.722
D(西北)	3853135.909	39484985.660
C(东北)	3853135.998	39484988.596

5.5.4 两种方案对比

通过对比可以发现,两种方案所观测的钢丝坐标基本一致。6 月 22 日观测的 E(西南)点最大点位较差为 0.019m,F 点两种方案观测较差为 0.015m,其余各点两种方案互差均不超过 1cm。所以,以两种方案观测成果的均值作为钢丝的最终坐标,见表 5-13、表 5-14 所示。

表 5-13　　　　　　6 月 22 日最终观测成果

点号(方位)	X	Y	e
F(东南)	3853134.596	39484988.625	0.015
E(西南)	3853134.453	39484985.724	0.019
D(西北)	3853135.912	39484985.654	0.003
C(东北)	3853136.002	39484988.599	0.006

表 5-14　　　　　　6 月 27 日最终观测成果

点号(方位)	X	Y	e
F(东南)	3853134.594	39484988.626	0.015
E(西南)	3853134.449	39484985.719	0.007
D(西北)	3853135.909	39484985.658	0.004
C(东北)	3853135.998	39484988.595	0.002

5.6 井壁特征点坐标序列

5.6.1 特征点数据分析

图 5-6 为井筒测点示意图,根据钢丝坐标平面坐标及高程控制结果,结合所测特征点与钢丝的距离,根据定向结果得到 8 个特征点的坐标序列如图 5-7 至图 5-15 所示。

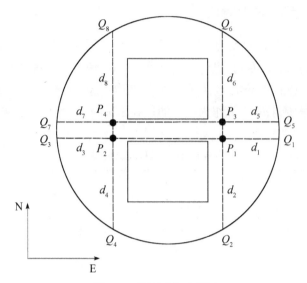

图 5-6　井筒测点示意图

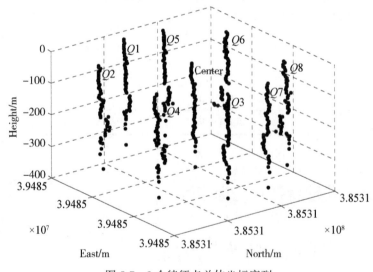

图 5-7　8 个特征点总体坐标序列

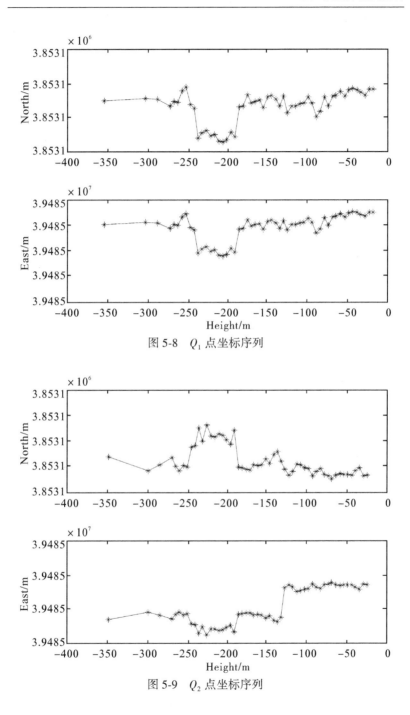

图 5-8 Q_1 点坐标序列

图 5-9 Q_2 点坐标序列

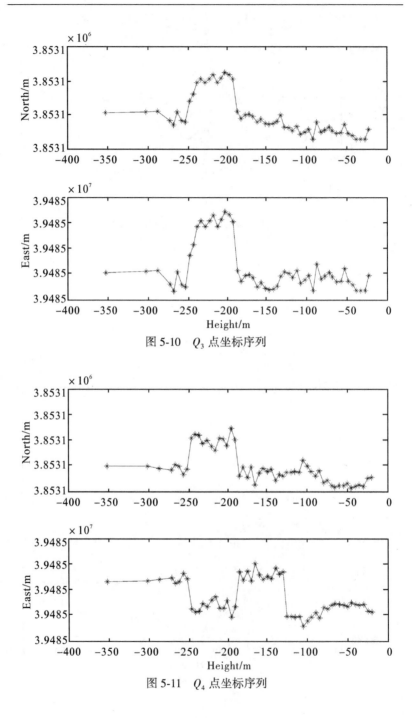

图 5-10　Q_3 点坐标序列

图 5-11　Q_4 点坐标序列

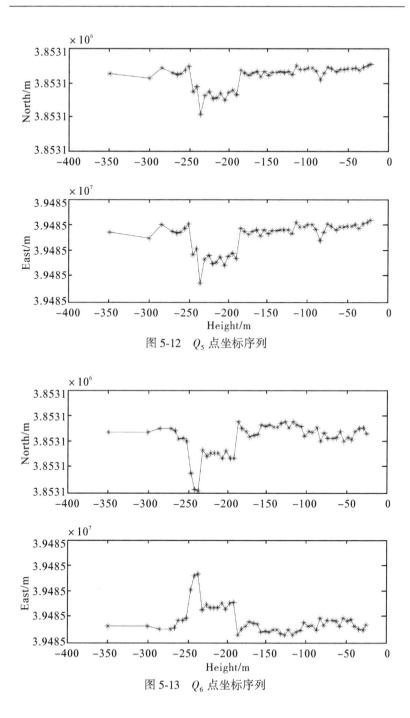

图 5-12 Q_5 点坐标序列

图 5-13 Q_6 点坐标序列

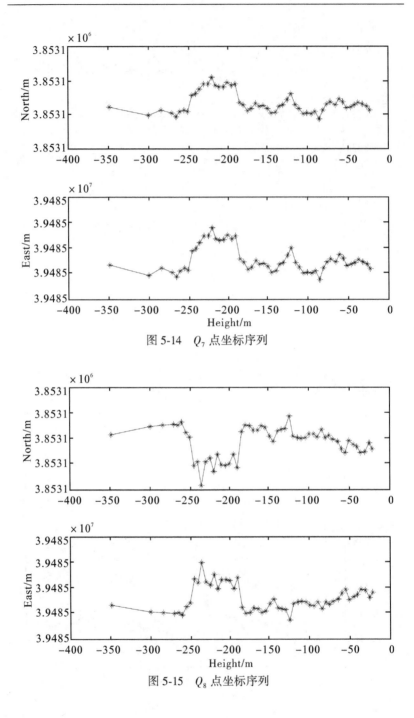

图 5-14　Q_7 点坐标序列

图 5-15　Q_8 点坐标序列

5.6.2 井筒中心线变形

由于井筒内阴暗多水等复杂的观测条件,井壁特征点坐标难以避免含有大小不等的随机误差,甚至包含粗差。采用 8 个井壁特征点既可以有效抵御粗差,又兼顾了井壁内复杂条件下的监测难度。考虑观测值含有随机误差和粗差的可能性,采用抗差加权整体最小二乘算法来解算每个井筒截面的中心坐标及截面半径,见表 5-15。井筒中心线变形量见表 5-16。

表 5-15 　　　　　　　　圆心拟合坐标及截面半径

截面编号	X(North)/m	Y(East)/m	R/m	h/m	备注
	3853135.145	39484987.031		48.952	井塔顶
	3853135.068	39484987.063		0	井塔底
1	3853135.072	39484987.205	2.75	−20.95	无水
2	3853135.091	39484987.187	2.77	−25.75	无水
3	3853135.114	39484987.116	2.80	−30.95	无水
4	3853135.087	39484987.136	2.78	−36.25	无水
5	3853135.042	39484987.174	2.76	−41.05	无水
6	3853135.047	39484987.159	2.77	−46.50	无水
7	3853135.036	39484987.186	2.74	−51.15	无水
8	3853135.082	39484987.133	2.78	−56.10	无水
9	3853135.049	39484987.162	2.76	−61.05	无水
10	3853135.037	39484987.151	2.76	−65.70	无水
11	3853135.050	39484987.156	2.76	−71.05	无水
12	3853135.093	39484987.136	2.77	−76.40	无水
13	3853135.058	39484987.147	2.74	−80.85	无水
14	3853135.118	39484987.120	2.74	−86.00	无水
15	3853135.098	39484987.122	2.75	−90.85	无水
16	3853135.114	39484987.169	2.74	−96.05	无水

截面编号	X(North)/m	Y(East)/m	R/m	h/m	备注
17	3853135.095	39484987.215	2.71	−101.05	无水
18	3853135.146	39484987.195	2.71	−106.00	无水
19	3853135.152	39484987.137	2.76	−110.80	无水
20	3853135.149	39484987.150	2.77	−116.10	无水
21	3853135.106	39484987.147	2.75	−121.25	无水
22	3853135.158	39484987.109	2.77	−126.15	无水
23	3853135.163	39484987.112	2.77	−131.00	无水
24	3853135.186	39484987.086	2.76	−136.05	无水
25	3853135.166	39484987.080	2.78	−140.85	淋水
26	3853135.149	39484987.155	2.74	−146.00	淋水
27	3853135.157	39484987.124	2.74	−150.80	淋水
28	3853135.160	39484987.128	2.74	−156.05	淋水
29	3853135.104	39484987.144	2.72	−161.00	淋水
30	3853135.108	39484987.095	2.77	−165.85	淋水
31	3853135.093	39484987.184	2.70	−170.90	淋水
32	3853135.097	39484987.143	2.74	−176.00	淋水
33	3853135.134	39484987.151	2.73	−181.10	淋水
34	3853135.166	39484987.096	2.78	−185.70	大水 凹凸不平
35	3853135.153	39484987.131	2.54	−191.05	大水 凹凸不平
36	3853135.115	39484987.225	2.50	−196.05	大水 凹凸不平
37	3853135.156	39484987.105	2.58	−201.10	大水 凹凸不平
38	3853135.139	39484987.123	2.53	−206.10	大水 凹凸不平
39	3853135.170	39484987.127	2.55	−210.95	大水 凹凸不平
40	3853135.144	39484987.091	2.58	−216.00	大水 凹凸不平
41	3853135.147	39484987.097	2.57	−221.05	大水 凹凸不平

续表

截面编号	X(North)/m	Y(East)/m	R/m	h/m	备注
42	3853135.171	39484987.135	2.55	−225.90	大水 凹凸不平
43	3853135.143	39484987.133	2.57	−231.35	大水 凹凸不平
44	3853135.012	39484987.177	2.41	−236.05	大水 凹凸不平
45	3853134.969	39484987.332	2.44	−241.20	大水 凹凸不平
46	3853135.011	39484987.293	2.49	−245.90	大水
47	3853135.073	39484987.235	2.69	−250.95	大水
48	3853135.087	39484987.182	2.72	−256.00	大水
49	3853135.080	39484987.195	2.69	−261.00	大水
50	3853135.126	39484987.173	2.71	−266.00	大水
51	3853135.164	39484987.117	2.73	−271.15	大水
52	3853135.139	39484987.172	2.73	−286.00	大水
53	3853135.098	39484987.176	2.70	−301.05	大水
54	3853135.149	39484987.152	2.71	−351.15	大水

表 5-16　　　　　　　　　井筒中心线变形量

截面编号	Def_North/m	Def_East/m	R/m	h/m	备注
	−0.022	−0.087		48.952	井塔顶
	−0.099	−0.055		0	井塔底
1	−0.083	0.048	2.75	−20.95	无水
2	−0.075	0.040	2.77	−25.75	无水
3	−0.091	0.029	2.80	−30.95	无水
4	−0.106	0.030	2.78	−36.25	无水
5	−0.115	0.031	2.76	−41.05	无水
6	−0.110	0.028	2.77	−46.50	无水
7	−0.095	0.033	2.74	−51.15	无水

续表

截面编号	Def_North/m	Def_East/m	R/m	h/m	备注
8	−0.109	0.040	2.78	−56.10	无水
9	−0.120	0.044	2.76	−61.05	无水
10	−0.112	0.024	2.76	−65.70	无水
11	−0.098	0.033	2.76	−71.05	无水
12	−0.063	0.020	2.77	−76.40	无水
13	−0.080	−0.003	2.74	−80.85	无水
14	−0.014	−0.026	2.74	−86.00	无水
15	−0.060	−0.018	2.75	−90.85	无水
16	−0.024	0.006	2.74	−96.05	无水
17	−0.026	0.011	2.71	−101.05	无水
18	−0.001	0.009	2.71	−106.00	无水
19	−0.017	0.021	2.76	−110.80	无水
20	−0.025	0.035	2.77	−116.10	无水
21	−0.056	0.040	2.75	−121.25	无水
22	0.013	0.010	2.77	−126.15	无水
23	−0.003	0.010	2.77	−131.00	无水
24	0.009	−0.019	2.76	−136.05	无水
25	−0.010	−0.026	2.78	−140.85	淋水
26	−0.020	0.000	2.74	−146.00	淋水
27	−0.014	−0.007	2.74	−150.80	淋水
28	0.005	−0.004	2.74	−156.05	淋水
29	−0.026	−0.018	2.72	−161.00	淋水
30	−0.050	−0.004	2.77	−165.85	淋水
31	−0.025	−0.001	2.70	−170.90	淋水

续表

截面编号	Def_North/m	Def_East/m	R/m	h/m	备注
32	−0.030	−0.007	2.74	−176.00	淋水
33	−0.002	−0.002	2.73	−181.10	淋水
34	−0.012	0.019	2.78	−185.70	大水 凹凸不平
35	−0.013	0.012	2.54	−191.05	大水 凹凸不平
36	0.011	0.033	2.50	−196.05	大水 凹凸不平
37	−0.017	0.027	2.58	−201.10	大水 凹凸不平
38	−0.015	−0.004	2.53	−206.10	大水 凹凸不平
39	0.001	0.005	2.55	−210.95	大水 凹凸不平
40	−0.010	0.002	2.58	−216.00	大水 凹凸不平
41	−0.043	0.025	2.57	−221.05	大水 凹凸不平
42	0.013	0.009	2.55	−225.90	大水 凹凸不平
43	−0.018	0.023	2.57	−231.35	大水 凹凸不平
44	−0.100	−0.043	2.41	−236.05	大水 凹凸不平
45	−0.073	0.013	2.44	−241.20	大水 凹凸不平
46	−0.074	0.010	2.49	−245.90	大水
47	−0.044	0.015	2.69	−250.95	大水
48	−0.042	0.001	2.72	−256.00	大水
49	−0.011	−0.011	2.69	−261.00	大水
50	0.004	−0.030	2.71	−266.00	大水
51	0.020	−0.032	2.73	−271.15	大水
52	0.010	0.012	2.73	−286.00	大水
53	−0.010	−0.014	2.70	−301.05	大水
54	0.000	0.002	2.71	−351.15	大水

抗差最小二乘和抗差加权整体最小二乘算法解算出的每个井筒截断的中心坐标及截面半径,其后验中误差分别为 0.0456m、0.0349m,说明抗差加权整体最小二乘算法精度优于抗差最小二乘。由图 5-16 可以看出:① -300m 以下基岩区中心坐标和圆心半径变化平缓,稳定性较好;② -300m 以上中心点坐标存在厘米级的变形,其中-100m、-150m 分别向东和南方向出现较明显变形,图中箭头为井筒受外力变形方向;③ -200~-300m 之间为 20cm 厚的加固段,井筒半径较为稳定,解算井筒半径与实际情况相符,进一步验证了算法的可靠性。

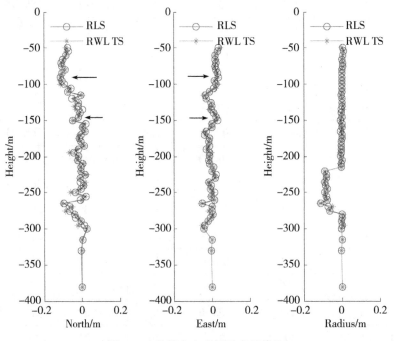

图 5-16 井筒中心坐标及半径偏差

由此画出两个截面的中心线变形情况,如图 5-17、图 5-18 所示。

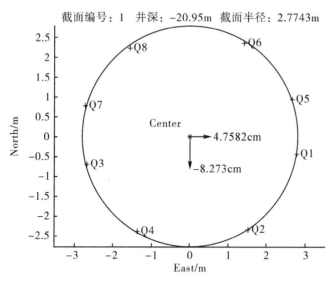

图 5-17　截面 1 圆心拟合结果

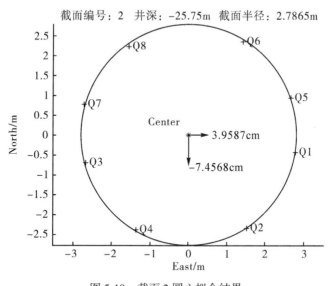

图 5-18　截面 2 圆心拟合结果

5.6.3　井筒三维变形结果

　　根据处理所得结果,绘制井筒三维变形图,如图 5-19 所示,图 5-20 为异常变形区域(−170m ~ −20m 区域放大的三维图形),图 5-21 为拟合三维变形结果。

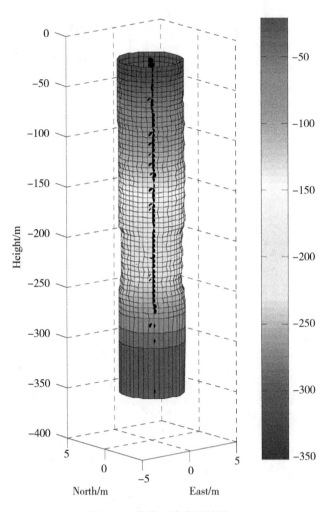

图 5-19　井筒三维变形结果

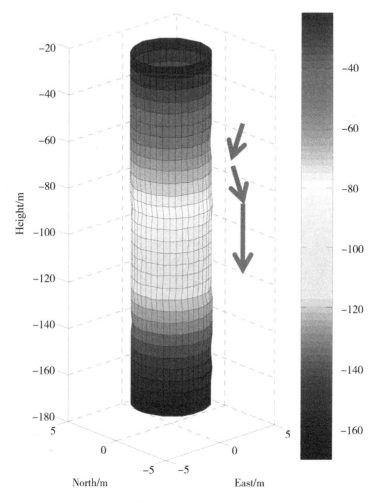

图 5-20 井筒三维变形(−170m～−20m)

经过精确的测量,某煤矿副井变形监测结果表明:从圆心坐标及井筒半径序列图中看出,井筒变形主要发生在南北方向;在−60m 以上区域井筒中心为毫米级变形;−60m～−280m 区域井筒中心为厘米级变形,相对变形量小于 0.5‰;−280m 以下区域井筒较为稳定。

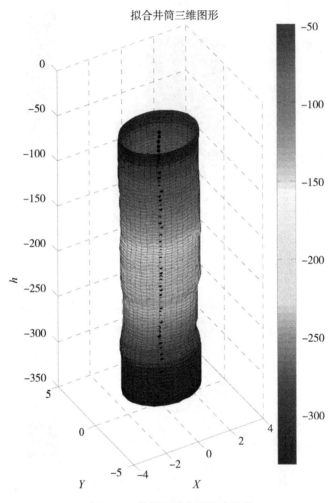

图 5-21　井筒三维变形拟合结果

5.7　本章小结

本章对井筒中线变形监测技术做出了较详细描述,提出了一种简单可行的井筒变形监测方案,采用四基准垂线法作为变形监测的原理方法,获得原始测量数据后,建立了基于最小二乘、整体最小二乘和IGGⅢ三段权函数抗差因子的井筒中线拟合模型,通过模型计算出各井筒截面的变形值,对结果进行分析,得出变形结果符合井筒实际情况,最后拟合出整个井筒变形三维图,为井筒变形监测方案设计及数据解算提供了一种解决方案。

第6章　井筒变形序列特征分析技术

井筒变形数据序列的特征分析是进一步对井筒变形的历史、现状和发展进行模拟和预报的基础。针对变形序列的不同特性差异，可以对变形序列的变异特性、非线性特性和小波多尺度特征进行分析。其中，井筒变形序列作为非线性动力系统，可采用相空间重构、关联维数的确定、Lyapunov 指数的计算、稳定性分析等方法来描述其性态特征。本章将详细阐述上述三种特征分析方法，并给出实际分析案例。

6.1　变形数据变异特性分析

变形数据随时间的变化描述包括变化特征和变化的急剧程度描述。变形数据可看成区域化特征变量，其变化程度的评定方法很多，常用的有数理统计方法，序列阶差法以及几何图形评定方法等。变形数据在时间方向上具有随机性，依时间轴 t 的位置可进行特征分析。本节通过研究变形数据的变异函数来分析井筒变形数据的随机特征，探讨变形数据变化程度评定方法，提取出变形数据的一些基本特性。

6.1.1　区域化变量

空间信息统计学定义的区域化变量是一种空间上具有数值的实函数，它在空间的每一个点取一个确定的数值，当点的空间位置发生变化时，其函数值也随之变化。区域化变形值变量的性质可描述如下：

① 结构性：在 t 和 $t+h$ 处的控制点变形 $h(t)$ 和 $h(t+h)$ 具有某种

程度的自相关,其自相关程度依赖该变形区域的变形固有特性。

② 受限随机性:区域化变形数据具有不规则性,是被限制于时间轴方向上的区域化变量,在该方向上具有连续性,这种连续性可通过变异函数来描述,而且不同点变异函数的特征有相似之处。

③ 区域化变量具有异向性性质,在变形数据的时间序列中没有体现出来。因为变形数据为受限在一个方向上区域化变量。

6.1.2 变异函数及其描述

1.变异函数

变形数据的变异函数 $\gamma(t,\Delta t)$ 可定义为:

$$\gamma(t,\Delta t)=\frac{1}{2}E\ [h(t)-h(t+\Delta t)]^2 \tag{6-1}$$

在弱平稳假设和本征假设条件下,其值等于 $[h(t)-h(t+h)]$ 的方差一半,式(6-1)也称为半变异函数或半变差函数。对应的实验变异函数计算式为:

$$\gamma^*(t,\Delta t)=\frac{1}{2N(\Delta t)}\sum_{i=1}^{N(\Delta t)}\ [h(t)-h(t+\Delta t)]^2 \tag{6-2}$$

2.球状模型及参数求解

地质统计学理论奠基人法国学者马特隆(G.Matheron)提出的球状变异函数模型为:

$$\gamma(\Delta t)=\begin{cases}C_0+C\left(\dfrac{3\cdot(\Delta t)}{2a}-\dfrac{(\Delta t)^3}{2a^3}\right),\Delta t\leqslant a\\ C_0+C,\qquad \Delta t>a\end{cases} \tag{6-3}$$

式中, a 称为变程,指研究方向上的相关半径;C_0+C 称为基台值;C_0 为块金常数;C 为拱高。实际中,大部分实验变异函数散点图都可用该模型拟合。将式(6-3)改写为:

$$\gamma(\Delta t)=a_0+a_1\cdot(\Delta t)+a_2\cdot(\Delta t)^3 \tag{6-4}$$

其中,$a_0=C_0$,$a_1=3C/2a$,$a_2=-C/2a^3$。

采用等权多项式回归法拟合出参数 a_1,a_2,a_3。代入下式可求得球状模型的三个参数:

$$\begin{cases} C_0 = a_0 \\ a = \sqrt{-a_1/3a_2} \\ C = 2aa_1/3 \end{cases}$$

由参数可分析变量的变异特征：a 值越大，说明特征指标的变化越弱，稳定性越强，反之也成立；C_0 反映了研究对象在特定方向上的变化幅度，值越大，说明变化性越强，稳定性越差，反之亦然；C_0 反映了变量中随机性因素的大小。C 表示变量结构变化的极大值；C_0/C 称为块金效应指数，值越大，表明变量的随机变化越强。

6.1.3　实验分析

对山东某矿井筒 1 号与 2 号控制点共 20 组等时间间隔的数据进行分析（其中，去除第 2 期数据非等时间数据序列，观测时间间隔为 2 周）求解变异函数的实验公式。原始观测沉降数据见表 6-1。

表 6-1　　　　　　　　　　　沉降点原始数据

点号＼期数	3	4	5	6	7	8	9	10	11
1 号点下沉	−1.69	−1.3	0.1	−1.67	−1.51	0.05	1.27	1	0.5
2 号点下沉	−1.94	−1.07	−0.45	−2.72	−1.12	0.37	1.01	0.69	0.69

点号＼期数	12	13	14	15	16	17	18	19	20
1 号点下沉	−2.16	−0.59	−0.93	−0.53	−0.55	−0.64	3.09	1.28	0.77
2 号点下沉	−1.39	−0.16	−1	−1.06	−1.83	−2.19	2.36	2.34	1.6

变程 Δt 由 1 取值变化到 16，逐个求出对应变异函数值，前 10 组变异函数值列于表 6-2 中。

表 6-2   **前 10 组变异函数值**

点号 \\ 变程	1	2	3	4	5	6	7	8	9	10
1 号点	1.101	1.616	1.6478	1.803	1.749	2.198	1.893	1.186	0.410	0.984
2 号点	1.219	1.984	2.371	2.55	2.245	2.454	2.36	1.822	0.855	0.776

16 级变异函数值随变程变化图,如图 6-1 所示。

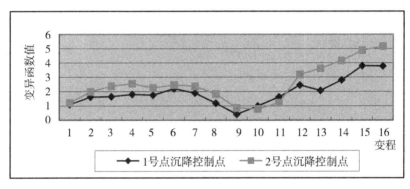

图 6-1   变异函数随变程变化分布图

由图可以看出:

① 变异函数散点图近似满足马特隆球状模型。

② 变程由 1 变为 6 时,变异函数值呈上升趋势;极限变程应在 5 和 7 之间;此后,散点值不再稳定在基台上,而是围绕这一基台上下不规则跳动;且当变程为 7,8,9 时,出现下降,然后上升;当变程为 15,16 时,又显下降趋势,总体将表现出一定的周期性。这与其他区域性特征变量有相同之处。

③ 采用变程由 1 变化到 7 时的变异函数值来拟合变异函数模型应该是可行的。确定了上述关键点后,取球状模型式(6-3)的第一式拟合模型。求得 1 号点与 2 号点时间序列的变异函数参数,见表 6-3。

表 6-3　　　　　　　　　　马特隆球状模型实验参数

点号 ＼ 参数	块金常数 C_0	极限变程 a	拱高 C	块金效应
1 号点	0.946	6.08	1.044	0.906
2 号点	0.958	5.230	1.603	0.598
参数值差值	−0.01	0.14	−0.535	0.408

1 号点对应的变异函数为：

$$\gamma(\Delta t)=\begin{cases} 0.946+0.257\times\Delta t-0.00232\times(\Delta t)^3 & \Delta t\leqslant 6.08 \\ 1.99 & \Delta t>6.08 \end{cases}$$

2 号点对应的变异函数为：

$$\gamma(\Delta t)=\begin{cases} 0.958+0.46\times\Delta t-0.0056\times(\Delta t)^3 & \Delta t\leqslant 5.23 \\ 2.55 & \Delta t>5.23 \end{cases}$$

通过分析可得：

① 1 号点与 2 号点的变异函数存在明显的块金常数,相对误差约为 1%,说明两点包含的随机因素大小相当;而且沉降值随时间变化存在一定的不连续性。

② 两点的拱高较差比较大,表明沉降数据序列的结构变化的极大值有一定差异,随着基台值的不同说明两点沉降值的变化幅度不同,且 2 号点较大。

③ 两点的变程大小相当,说明沉降数据序列在时间方向上的相关维大小存在一定的模糊性。如要建立该矿沉降数据沉降序列的控制模型,5 维或 6 维比较合适,如 AR(5)模型。

④ 1 号点的块金效应指数大于 2 号点,说明 1 号点的随机变化强于 2 号点,可能是由于 1 号点受到了外力的作用,如岩层注浆。

6.2　变形数据非线性特征分析

掌握动态变形数据的性态特征是进行预报建模的基础。混沌性和分形特征是非线性过程变化的两个重要特征。下面将从主分量分析和关联维信息入手,研究动态变形数据的特征,并将特征分析结果用于指导预报模型的选取上。

6.2.1 主分量分析

主分量分析(PCA)也称主成分分析,由皮尔逊(Pearson)在1901年首先引入,后来被霍特林(Hotelling)于1933年发展而成的一种分析方法。主分量分析是利用降维的思想,把多指标转化为少数几个综合指标的多元统计分析方法。主分量分析也是识别混沌和噪声的一种有效方法。对于给定的一维变形数据序列 $X = (x_1, x_2, \cdots, x_n)^T$,$n$ 为数据序列的维数。首先选取嵌入维数为 d,则由该数据序列形成的轨线矩阵 $\{X_{l \times d}\}$ ($l = n - (d-1)$)可表示为

$$X_{l \times d} = \frac{1}{l^{\frac{1}{2}}} \begin{bmatrix} x_1 & x_2 & \cdots & x_d \\ x_2 & x_3 & \cdots & x_{d+1} \\ \vdots & \vdots & & \vdots \\ x_l & x_{l+1} & \cdots & x_n \end{bmatrix} = \frac{1}{l^{\frac{1}{2}}} \begin{bmatrix} X_1 \\ X_2 \\ \vdots \\ X_n \end{bmatrix} \quad (6\text{-}5)$$

则对应的协方差矩阵表示为

$$S_{d \times d} = \frac{1}{l} X_{l \times d}^T A_{l \times d} \quad (6\text{-}6)$$

计算 S(为对称阵)的特征值 $\lambda_1, \lambda_2, \lambda_3, \cdots, \lambda_n$ 和对应的特征向量 $u_1, u_2, u_3, \cdots, u_n$,将各特征向量值按从大到小顺序排列:$\lambda_1 \geqslant \lambda_2 \geqslant \lambda_3 \geqslant \cdots \geqslant \lambda_n$。特征向量所对应的特征值越大,在重构时所起的作用也将越大,根据这一理论可以忽略那些特征值很小的特征向量。定义第 i 个主成分的贡献率为

$$\gamma = \lambda_i \Big/ \sum_{i=1}^{d} \lambda_i \quad (6\text{-}7)$$

如果前 m 个主分量的累计方差贡献率达到70%以上,则可仅提取前 m 个主分量作为样本特征向量。前 m 个主分量的计算公式为:

$$Y = U^T X_k \quad (6\text{-}8)$$

其中,$U = (u_1, u_2, \cdots, u_m)$,$Y = (y_1, y_2, \cdots, y_m)$。

在区分一个给定变形数据序列为噪声信号还是混沌信号时,可通过选取一定的嵌入维数,以指标 i 为横轴,$\ln(\gamma)$ 为纵轴绘制主分量谱图。当变形数据序列为噪声信号时,则主分量谱图是一条与 X 轴近似平行的直线,如图 6-2(a)所示;当变形数据序列为混沌信号时,主分量谱图为一过定点且斜率为负的直线,如图 6-2(b)所示。

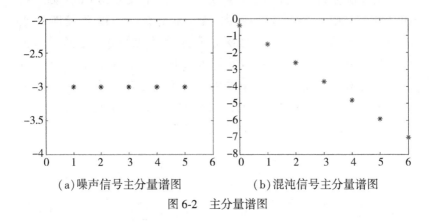

(a)噪声信号主分量谱图   (b)混沌信号主分量谱图

图 6-2   主分量谱图

6.2.2 关联维计算

对于非线性系统而言,关联维的提取,有助于从混沌时间序列中恢复混沌吸引子,选择一个合适的相空间,将混沌吸引子展开,最有可能正确地寻找出吸引子的规律,而关联维是对相空间中吸引子复杂度的一种度量方式。求取关联维的目的在于:通过关联维测算一维时间序列收缩到哪个相空间,并将所求关联维数作为相空间的维数,从而可以获得描述一个复杂系统所需的几个实质性状态变量。这为变形数据序列的模拟和预报提供了一定的指导作用,有助于提高模拟和预报的精度。

从一维时间序列直接计算关联维的一般方法是采用 Grassberger 和 Procaccia 在 Whitney 的"嵌入定理"和 Packard 的重建相空间理论基础上提出的算法,即 G-P 算法。相空间重构技术又称嵌入技术,它是 20 世纪 80 年代初期由 Packard 等首次提出并经 Takens 完善的。该技术用系统的一个或几个元素的时间序列进行相空间重构，所得的新系统在拓扑结构和概率特征等本质特征上与原系统保持一致，可通过分析研究新系统的特征来确定原系统特征。

利用相空间重构的办法直接计算关联维数的过程为：假设动态变形时间序列为 $\boldsymbol{X} = (x_1, x_2, \cdots, x_n)^{\mathrm{T}}$。重构结果为：

$$\boldsymbol{X}_m(t_i) = [x(t_i), x(t_i + \tau), \cdots, x(t_i + (m-1)\tau)] \tag{6-9}$$

$$\boldsymbol{X}_m(t_j) = [x(t_j), x(t_j + \tau), \cdots, x(t_j + (m-1)\tau)] \tag{6-10}$$

式中，τ 为嵌入延迟时间；m 为重构相空间的嵌入维数。

描述系数非线性特征吸引子关联维数 D_h 为：

$$D_h = \lim_{r \to 0} \frac{\mathrm{d} \ln C_m(r)}{\mathrm{d} \ln r} \tag{6-11}$$

式中，$C_m(r) = \dfrac{1}{N^2} \sum_{i \neq j} \theta[r - \| X_i - X_j \|]$，$i \neq j$；$r$ 为 m 维超球半径；$\theta(\cdot)$ 为 Heaviside 函数。

$$\theta(x) = \begin{cases} 0, x \leq 0 \\ 1, x > 0 \end{cases} \tag{6-12}$$

在相空间重构过程中，嵌入延迟时间 τ 和重构相空间的嵌入维数 m 是整个重构过程成功与否的关键。下面就分别介绍延迟时间 τ 和嵌入维数 m 的选取方法。

1.嵌入延迟时间 τ 的选择

对于实际的变形时间序列，由于存在噪声干扰和估计误差等影响，如果延迟时间 τ 太小，则相空间矢量 $\boldsymbol{X}_m(t_i)$ 中的任意两个分量在数值上非常接近，以至于无法相互区分，变形信息不易显现出来，产生冗余误差；而如果延迟时间 τ 太大，则两坐标在统计意义上又是完全独立的，混沌吸引子的轨迹在两个方向上的投影毫无相关性可言，容易造成信号失真，产生不相关误差。目前，常用的确定延迟时间 τ 方法主要有两种：交互信息最小化方法和自相关函数法，本研究主要采用交互信息最小化方法选取最佳时间延迟 τ。

交互信息最小化方法弥补了自相关函数法不能提取非线性时间序列的相关性的不足，适应于非线性问题。设两离散信息系统 $\{s_1,$

$s_2, \cdots, s_n\}$ 和 $\{q_1, q_2, \cdots, q_n\}$ 构成的系统 S 和 Q。由信息论理论得知，两系统的信息熵(信息论中用于度量信息量的概念,一个系统越有序,信息熵就越低)分别为：

$$H(S) = -\sum_{i=1}^{n} P_s(s_i) \log_2 P_s(s_i)$$

$$H(Q) = -\sum_{j=1}^{n} P_q(q_j) \log_2 P_q(q_j)$$

(6-13)

其中, $P_s(s_i)$ 和 $P_q(q_j)$ 分别为 S 和 Q 中事件 s_i 和 q_j 的概率。

在给定 S 的情况下,得到的关于系统 Q 的信息,称为 S 和 Q 的互信息,则

$$I(Q,S) = H(Q) - H(Q|S)$$

(6-14)

其中, $H(Q|s_i) = -\sum_j [P_{sq}(s_i, q_j)/P_s(s_i)]\log[P_{sq}(s_i, q_j)/P_s(s_i)]$。

因此有：

$$I(Q,S) = \frac{\sum_i \sum_j P_{sq}(s_i, q_j) \log_2 [P_{sq}(s_i, q_j)]}{P_s(s_i) P_q(q_j)}$$

(6-15)

其中, $P_{sq}(s_i, q_j)$ 为事件 s_i 和 q_j 的联合分布概率。

定义 $[s,q] = [x(t), x(t+\tau)]$，即 s 代表时间序列 $x(t)$, q 代表时间延迟为 τ 的时间序列 $x(t+\tau)$，则 $I(Q,S)$ 显然是与时间延迟有关的函数,记为 $I(\tau)$。$I(\tau)$ 的大小代表了在已知系统 S 即 $x(t)$ 的情况下,系统 Q 也就是 $x(t+\tau)$ 的确定性大小。$I(\tau) = 0$，表示 $x(t+\tau)$ 完全不可预测,即 $x(t)$ 和 $x(t+\tau)$ 完全不相关;而 $I(\tau)$ 的极小值,则表示了 $x(t)$ 和 $x(t+\tau)$ 是最大可能的不相关,重构时使用 $I(\tau)$ 的第一个极小值作为最优延迟时间。

2.嵌入维数 m 的选择

嵌入维数 m 的选取最常用的方法是饱和关联维(G-P)算法,具体表达式在前文已提到,在此不再累述,其主要思想是:对于一个时间序列,给定一组 m 值,选取适当的 r，绘出 $\ln r - \ln C_m(r)$ 曲线,求曲线当中直线段的斜率,即为 D_h，如果系统存在这样一个 m 值,达

到此值后,相应的关联维数不再随 m 的增长而变化(即达到饱和),而达到饱和值时的嵌入维数即为能够完全展开吸引子结构的最佳嵌入维数(一般要求 $m \geq 2D_h + 1$),此时所对应的 m 值即为最佳嵌入维数。

6.2.3　Lyapunov 指数

一个系统是否具有混沌特征,通常可以由其 Lyapunov 指数确定。把指数从大到小进行排列:$\lambda_1 \geq \lambda_2 \cdots \lambda_i \geq \lambda_n$,称为 Lyapunov 指数谱,$\lambda_1$ 为最大 Lyapunov 指数。当 $\lambda_1 < 0$ 时,系统有稳定的不动点;$\lambda_1 = 0$ 时,系统出现了周期现象;$\lambda_1 > 0$ 时,系统具有混沌特征。目前用于计算最大 Lyapunov 指数的方法有 Wolf 法、Jacobian 法、小数据量法等。

6.2.4　实验分析

采用某建筑物周围#6,#8,#10,#14 沉降控制点共 26 期(采样间隔为 15 天)数据进行分析,数据见表 6-4。

表 6-4　　　　　　　　　　　沉降点累计下沉量

期号	1	2	3	4	5	6	7	8	9
#6	0.26	−0.08	0.02	0.67	1.47	0.98	2.17	3.04	−8.5
#8	0.33	−0.2	−0.04	0.98	2.24	2.95	3.13	3.6	−9.05
#10	0.84	0.04	0	0.8	−0.64	−0.25	0.68	2.2	−10.71
#14	0.25	−1.34	−2.07	−2.47	−2.88	−3.47	−3.09	−2.09	−13.87
期号	10	11	12	13	14	15	16	17	18
#6	−8.15	−8.45	−8.72	−9.14	−9.89	−12.69	−13.09	−10.84	−10.54
#8	−8.43	−8.42	−8.58	−8.65	−8.86	−9.8	−10.62	−9.14	−9.05
#10	−10.26	−10.4	−10.6	−10.42	−10.79	−13.3	−14.67	−11.2	−11.39
#14	−13.66	−14.66	−15.07	−15.54	−16.67	−20.12	−21.18	−17.59	−16.72

续表

期号	19	20	21	22	23	24	25	26	
#6	−10.56	−9.53	3.49	3.13	3.27	−0.34	9	8.51	
#8	−9.08	−10.45	3.1	3.12	3.47	−0.61	8.61	6.63	
#10	−11.65	−10.69	2.78	3.2	1.88	1.56	20.26	17.36	
#14	−16.11	−13.78	0.36	0.17	−0.28	−0.92	4.7	0.6	

对#6,#8,#10,#14 采用主分量分析和关联维分析,结果如图 6-3、图 6-4、图 6-5、图 6-6 所示。计算所得关联维数为: $D_{#6}=2.7951$, $D_{#8}=$

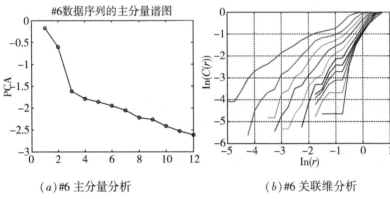

(a)#6 主分量分析 （b)#6 关联维分析

图 6-3 #6 特征分析结果

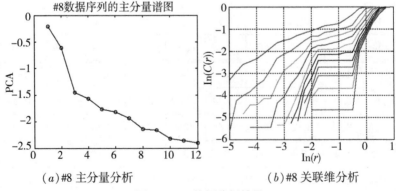

(a)#8 主分量分析 （b)#8 关联维分析

图 6-4 #8 特征分析结果

$2.322, D_{\#10} = 2.4919, D_{\#14} = 2.7869$。从分析结果可以看出,各点数据均存在混沌特征,可以应用混沌理论进行分析。

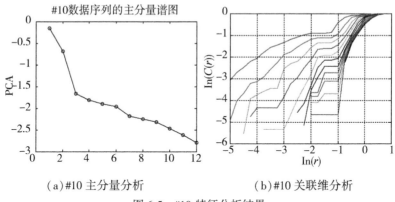

(a)#10 主分量分析　　　　　(b)#10 关联维分析

图 6-5　#10 特征分析结果

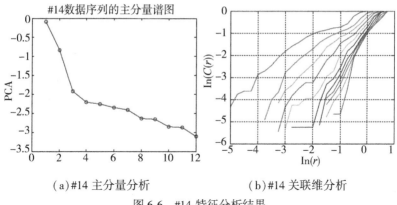

(a)#14 主分量分析　　　　　(b)#14 关联维分析

图 6-6　#14 特征分析结果

6.3　变形的小波多尺度特征分析

6.3.1　基本理论

1.小波变换

随时间变化的序列 $f(t) \in L^2(R)$,定义:

$$Wf(a,b) = \langle f(t), \psi_{(a,b)}(t) \rangle = \int_{-\infty}^{+\infty} f(t)\bar{\psi}_{(a,b)}(t)\mathrm{d}t \quad (6\text{-}16)$$

式中,$\bar{\psi}_{(a,b)}(t)$ 为 $\psi_{(a,b)}(t)$ 的复共轭函数,$Wf(a,b)$ 称为连续小波变换的变换系数。

对于离散时间序列小波系数:

$$Wf(a,b) = |a|^{-\frac{1}{2}}\Delta t \sum_{k=1}^{n} f(k\Delta t)\bar{\psi}\left(\frac{k\Delta t - b}{a}\right) \quad (6\text{-}17)$$

$Wf(a,b)$ 通过参数 a 值反映频域特性,b 反映时域特性。它是子小波与函数 $f(t)$ 通过内积运算的结果,也是计算序列函数 $f(t)$ 和该尺度上小波函数之间的相似指数。如果这个指数较大,相似性就较强。否则,就较弱。

a,b 反映滤波窗口的特征。当 a 较小时,频域的分辨率低,对应时域的分辨率高;随着 a 增大,频域的分辨率增大,而时域的分辨率降低,由 a,b 组成的滤波窗口面积保持不变。因此,当需要精确的低频信息时,采用长的时间窗,即 a 取较小值;当需要精确的高频信息时,采用短的时间窗,即 a 取较大值。尺度因子 a 将小波保持完全相邻条件下"拉伸""压缩",实现窗口面积不变,形状可变的时频局部化。通过小波变换不仅可看到信号的概貌,还可以看到信号的细节,特别是对非平稳过程更显优越性。

作出小波系数 $Wf(a,b)$ 随 a,b 二维变化的等值线图,通过图可得沉降序列变化的小波特征。不同时间尺度下的小波系数随时间变化反映了系统在尺度上具有的特征。小波系数值增大对应沉降值增大;小波系数值减小对应沉降值减小;小波系数为零对应着突变点,小波系数绝对值越大,表示在该时间尺度上变化越显著。

2.多分辨分解算法

若尺度函数 $\phi(t) \in V_0$ 是标准正交函数,由 MRA 确定的正交小波子空间分解为:

$$V_j = V_{j+1} \oplus W_{j+1}, W_{j+1} = V_j / V_{j+1}$$

$$L^2(R) = \bigoplus_{j \in z} W_j$$

$$W_j \perp W_m, j \neq m; V_j \perp W_j, j \in \mathbf{Z};$$

对应 $V_1 \subset V_0, W_1 \subset V_0, \phi(t) \in V_0$ 时,有尺度方程:

$$
\begin{cases}
\phi(t) = \sqrt{2} \sum_n h_n \phi(2t - n) \\
\psi(t) = \sqrt{2} \sum_n g_n \phi(2t - n)
\end{cases}
\tag{6-18}
$$

式中: $g_n = (-1)^n \bar{h}_{1-n}, n \in \mathbf{Z}$。

对应小波变换的 j 层系数 $\{c_k^j, k \in \mathbf{Z}\}$,通过分解滤波器系数 $\{h_n, n \in \mathbf{Z}\}, \{g_n, n \in \mathbf{Z}\}$ 获得 $j+1$ 层系数的分解式为:

$$
\begin{cases}
c_n^{j+1} = \langle f, \psi_{j,n} \rangle = \sum_k c_k^j h_{k-2n} \\
d_n^{j+1} = \langle f, \psi_{j,n} \rangle = \sum_k c_k^j g_{k-2n}
\end{cases}
\tag{6-19}
$$

系数分解结构如图 6-7 所示:

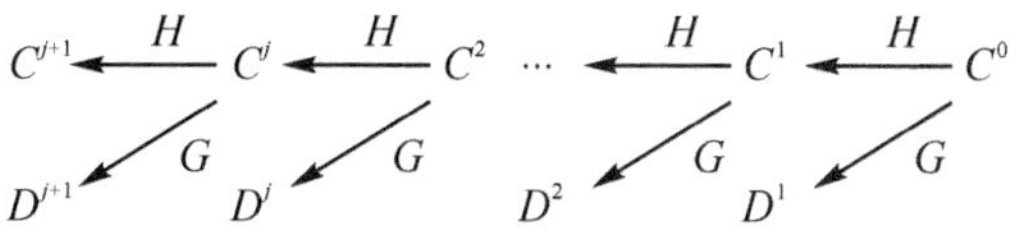

图 6-7　离散小波变换各尺度系数分解图

(图中 H, G 表示为高、低通分解算子)

通过重构滤波器 $\{\tilde{h}_n\}, \{\tilde{g}_n\}$ 重构 $j+1$ 层小波系数式为:

$$
cj_k = \sum_k c_k^{j+1} \tilde{h}_{k-2n} + \sum_k d_k^{j+1} \tilde{g}_{k-2n}
\tag{6-20}
$$

系数合成结构如图 6-8 所示:

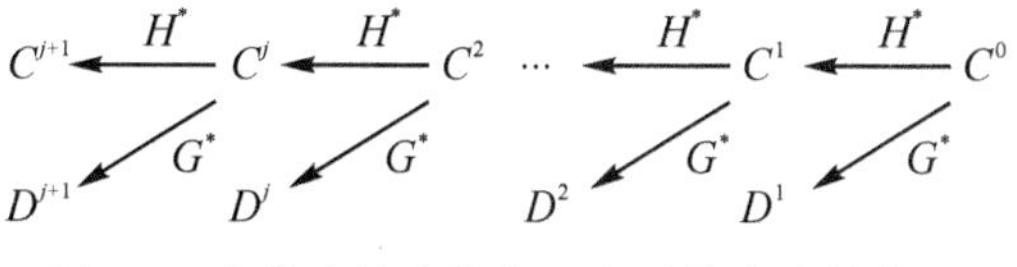

图 6-8　离散小波变换各尺度系数合成结构图

(图中 H^*, G^* 为高、低通合成算子)

设形变信号中最高频率为 w,则 j 步 Mallat 分解的低频频段为

$(0\sim2^{-j})w$,高频频段为 $2^{-j}w\sim2^{-j+1}w$,根据这一分频效应可识别低频的趋势项部分,并采用适合的阈值量化高频分解系数,通过合成算法达到降噪的效果。

6.3.2　多尺度特征分析

Fourier 分析方法能获得更多的频域信息,但它不能反映随时间变化的频率特征。Gobor 提出的加窗 Fourier 变换对弥补这一不足起到一定作用。但由于 Gobor 变换的时-频窗大小固定,仍没有很好地解决时-频局部化分析问题。20 世纪 80 年代初发展起来的小波分析具有时频多分辨功能,作为非线性理论应用最为成功的典范,引入形变监测数据的分析和处理,是有必要的,采用小波分析,时间尺度变化可以取值到任意细节,能更准确地刻画地表沉降的内在特征。引入小波分析技术,可清晰分离沉降数据序列中的周期信号,检测沉降的剧烈程度,分析趋势项变化等。引入小波变换分析方法分析地表沉降数据多尺度特征,开创了沉降数据分析领域的新途径。

1. Morlet 小波函数

采用一维 Morlet 复值小波作为分析函数,其小波变换的模和实部是两个重要的变量。模的大小表示特征时间尺度信号上相关性的强弱,实部表示不同特征时间尺度信号在不同时间上的分布和位相两方面的信息。其表达式为

$$\psi(t)=\exp\left(\frac{-\beta^2t^2}{2}\right)\exp(j\omega_0t)\,,\omega_0\geqslant5 \tag{6-21}$$

频域表示形式为

$$\hat{\psi}(\omega)=\frac{1}{\beta}\exp\left[\frac{-(\omega-\omega_0)^2}{2\beta^2}\right] \tag{6-22}$$

其子小波序列及频域变换为

$$\psi_{a,b}(t)=a^{-\frac{1}{2}}\exp\left[\frac{\beta^2}{2}\left(\frac{t-b}{a}\right)^2\right]\cdot\exp\left[j\omega_0\left(\frac{t-b}{a}\right)\right],a>0,b\in\mathbf{R}$$

$$\hat{\psi}_{a,b}(\omega)=\frac{\sqrt{a}}{\beta}\exp(-j\omega b)\cdot\exp\left[-a^2\left(\omega-\omega_0/2\right)^2/(2\beta^2)\right]$$

可见,Morlet 小波的频域形式为 Gauss 函数,是较理想的带通滤波器,具有很好的分频特性,图 6-9 为 Morlet 小波图形,本研究采用此小波分析函数进行小波变换分析。

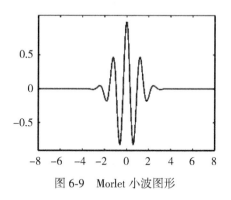

图 6-9　Morlet 小波图形

2.小波方差

小波方差是指将关于尺度值 a 的所有小波变换系数的平方积分,即

$$\mathrm{var}(a) = \int |wf(a,b)|^2 \mathrm{d}b \qquad (6\text{-}23)$$

小波方差随尺度 a 变化过程的过程曲线称为小波方差图。它反映了波动的能量随尺度变化的分布,由小波方差图可确定沉降序列中存在的主要时间尺度。

6.3.3　实验分析

1.模拟实验

为了直观地说明小波变换识别周期信息的能力,首先采用已知周期性的模拟数据分析。以函数 $f = 3 \cdot \sin(10\pi \cdot t)$ 为例,采用 Morlet 小波对信号变换。小波变换系数分布的功率谱等值线分布图(图 6-10)能有效地反映出原信号中的周期性信息。

图 6-10(b)给出了不同尺度下随时间变化,小波系数能量的分布特征。除了在边沿有畸变,等值线局部中心体现了对应尺度下的

周期。函数的周期性在对应尺度上可得到体现,说明了小波变换方法识别周期性的可行性和可靠性。

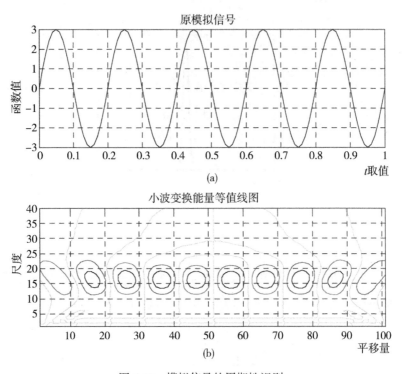

图 6-10　模拟信号的周期性识别

2.井筒变形数据分析

在某矿实测沉降数据的分析过程中,采用主井井塔壁上 1 号沉降控制点 20 等时间间隔的数据序列(其中,去除第 2 期数据非等时间数据序列,观测时间间隔为 2 周)进行多尺度分析,采用 Morlet 小波函数作为变换函数,图 6-11 给出了原始观测沉降数据随时间分布的过程曲线图。

等时间间隔采样率的沉降数据序列和 Morlet 小波函数代入式 (6-21)。将 a,b 离散化,计算出小波变换系数。画出小波变换的功率谱等值线图(图 6-12)和实部等值线图(图 6-13)。

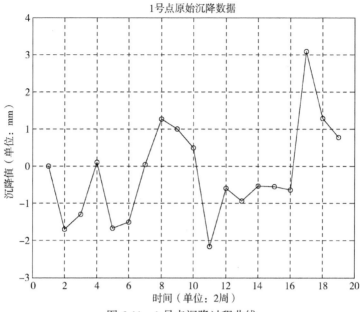

图 6-11 1 号点沉降过程曲线

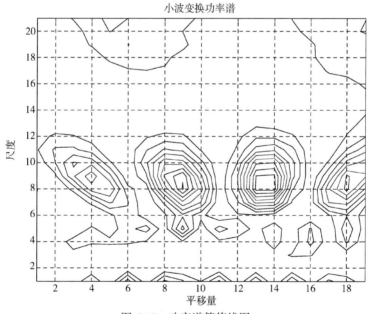

图 6-12 功率谱等值线图

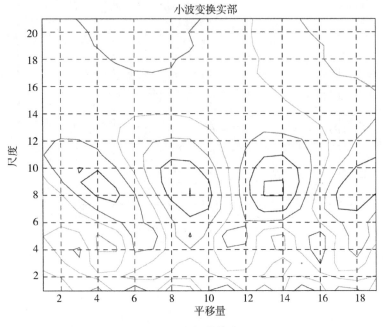

图 6-13　实部等值线图

　　由图 6-12 和图 6-13 可以看出,功率谱和实部的等值线图分布基本一致,从图 6-13 中可以看出不同时间尺度上,小波变换系数的强弱分布情况。在尺度为 6~12,对应时间为 3~6 个月的时间尺度上,变化非常突出;尺度中心约在 8.2(4.1 个月)处,突变点分别在第 4、9、13、18 期观测时发生;第 1~4,6~9,9~13,16~18 期观测之间,地表处上升段;4~6,9~11,13~16 期观测时间点,地表处下沉状态。图 6-14(a)给出了尺度为 8.2 时(4.1 个月)小波变换功率谱能量变化过程。尺度为 4~6,对应时间为 2~3 个月的变化周期也得到了体现;尺度中心在 4.2(2.1 个月)左右,但由于影响因素太多,变化极其复杂,突变点的位置也很难确定,可认为突变点主要在第 4、6.5、9、11、13.8、16、18 期观测时;地表沉降时间段的确定方法还有待进一步研究。图 6-14(b)给出了尺度为 4.2(2.1 个月)时小波变换功率谱能量变化过程;另外,尺度大于 18 时,小波系数变化的显示表明可能存在大于 10 个月的长周期影响因素,需要通过继续进行沉降观测来获得。

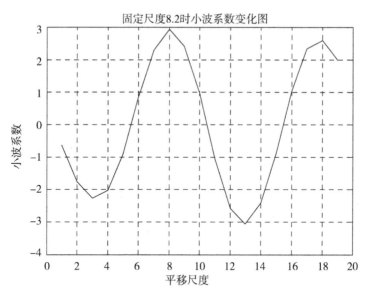

固定尺度8.2时小波系数变化图

（a）尺度 8.2（4.1 个月）时小波变换功率谱能量变化图

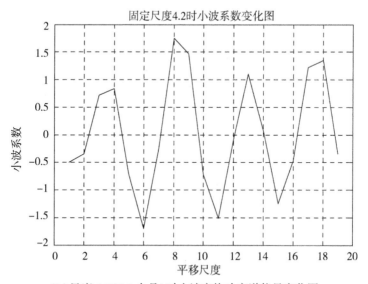

固定尺度4.2时小波系数变化图

（b）尺度 4.2（2.1 个月）时小波变换功率谱能量变化图

图 6-14　小波变换功率谱能量变化图

等值线图中清楚地显示了沉降数据序列各尺度在时间域上分布的不均匀性,显示了局部化特征,小波变换分析方法能很好地分析这一特征,描述突变点及沉降变化情况。

小波变换功率谱能量变化图上,沉降变化和突变点也可准确地给出,与上述分析结果基本一致。也可画出其他任意尺度上的功率谱能量变化过程图:可以认为能量变化幅度很小的尺度周期不存在;而对于变化相当剧烈的情况,通常认为属随机性因素的影响也不计入周期。

综上分析,沉降数据随时间的变化过程是相当复杂的,其小波变换域上具有显著的局部化特征。不同尺度上的沉降变化情况与尺度有紧密联系。

图 6-15 给出了 1 号沉降控制点时间序列的小波方差图,从图中可看出序列存在尺度为 5 和 8,对应时间周期为 2.5 和 4 的主周期信息。分析结果与上述分析结果基本一致。容易看出,小波方差分析

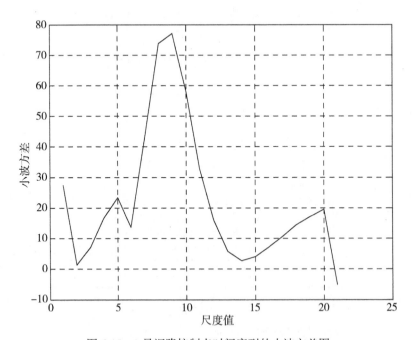

图 6-15　1 号沉降控制点时间序列的小波方差图

也能起到传统的 Fourier 变换的功能,而且容易识别出沉降时间序列的各种尺度变化特征,突变点分布情况。

　　3.实测数据分析结论

　　小波变换的方法具有令人满意的时频局部化分析特性。利用小波分析这种"调焦"性质,可以充分认识沉降数据序列的精细结构,分析其多尺度特征,为沉降数据分析和处理提供了新的途径。沉降数据序列的小波变换域分析结果表明:小波变换清晰地给出了各尺度(周期)上沉降数据随时间的强弱分布情况,并能获得主要的周期信息。某矿工场沉降数据表明:该矿地表沉降受到尺度为 8.2(4.1个月),4.2(2.1个月)的周期因素影响。

　　小波变换的方法为沉降数据序列的分析提供了更好的途径,表达方式更加细腻。同时,也为其他各类变形数据的处理和分析提供了更好的解决方案。其多尺度分析能力是传统其他任何数学变换和分析方法所不能达到的。至于如何根据提取的多尺度信息对沉降数据进一步分析,如去除周期项,周期信息的相位确定,沉降数据的预测预报等,还需更深入和广泛的研究。

6.4　本章小结

　　井筒变形体动态变形监测数据属混沌序列,可以应用混沌理论进行相空间重构,为预测预报模型的输入提供重要依据,避免了模型输入时的随意性。本章从井筒变形序列的变异特征、非线性特性及小波多尺度特征分析出发,寻求变形数据内在特征的描述。对变形数据序列随时间变化进行详细阐述,本章获得的井筒变形特征可作为进一步预报建模或参数选择的依据。

第7章 井筒变形多路径分离技术

多路径误差是影响井筒动态变形监测的重要因素。研究多路径误差建模,并对多路径误差进行分离,从而实现井筒动态变形信息的提取是进行井筒健康参数监测与预警的基础。本章首先介绍了GNSS动态变形监测的基本模型,给出多路径效应的基本原理,随后介绍了经验模态分解、小波变换、Vondrak滤波方法,并给出井筒动态变形多路径分离技术路线,最后通过野外实验数据与华东某矿的实测数据验证该模型。

7.1 动态变形监测模型

动态相对定位通过在监测站接收基准站实时发来的卫星观测数据,通常使用包括测码伪距、载波相位等信息及本站实时观测的数据,通过相对定位的原理,进行联合解算,求解出基准站与移动站的实时坐标差。根据已知的基准站坐标加上实时坐标差求解出移动站实时坐标。这一过程就是典型的动态相对定位工作原理。在进行基线向量解算时,测码伪距与载波相位非差观测方程表达为如下形式:

$$\begin{cases} \rho_{r,i}^m = R_r^m - c(\delta t^j - \delta t_r) + T_r^m + I_{r,i}^m + \varepsilon_{r,\rho,i}^m \\ \lambda_i \varphi_{r,i}^m = R_r^m - c(\delta t^m - \delta t_r) + T_r^m - I_{r,i}^m + \lambda_i N_{r,i}^m + \varepsilon_{r,\varphi,i}^m \end{cases} \tag{7-1}$$

式中,i 为频率的下标;下标 r 是测站编号;上标 m 是卫星标识号。$\varphi_{r,i}^m$ 为测站 r 到卫星 m 的载波相位观测值,λ_i 表示频率 i 下的波长,$\rho_{r,i}^m$ 是测站 r 到卫星 m 的伪距观测值,R_r^m 为卫星与接收 r 之间的几何距离,δt^m 和 δt_r 分别为卫星与接收机的钟差,$N_{r,i}^m$ 是接收机 r 和卫星 m 的整周模糊度;$I_{r,i}^m$ 与 T_r^m 分别表示电离层延迟和对流层延迟,

$\varepsilon_{r,\rho,i}^{m}$ 表示伪距观测噪声, $\varepsilon_{r,\varphi,i}^{m}$ 表示载波相位观测噪声, c 为光速。

在动态定位中,通常采用双差来消除接收机与卫星钟钟差,在基准站 b 与监测站 r 之间的距离小于 10 km 时,电离层延迟及对流层延迟可以得到有效削弱,选取 m 为参考卫星,第 n 颗卫星对其作差,将式(7-1)经过双差处理后可得到

$$\begin{cases} \lambda_i \varphi_{rb,i}^{mn} = R_{rb}^{mn} + \lambda_i N_{rb,i}^{mn} + \varepsilon_{rb,\varphi,i}^{mn} \\ \rho_{rb,i}^{mn} = R_{rb}^{mn} + \varepsilon_{rb,\rho,i}^{mn} \end{cases} \tag{7-2}$$

式中, $N_{rb,i}^{mn}$ 为双差模糊度, $\varepsilon_{rb,\rho,i}^{mn}$ 为伪距双差观测噪声, $\varepsilon_{rb,\varphi,i}^{mn}$ 为载波相位双差观测噪声,其他参数同式(7-1)。

使用式(7-2)利用载波相位观测方程和伪距观测方程进行联合定位解算,虽然能够克服仅采用载波观测方程出现的法方程秩亏问题,但是解算精度不高,模糊度较难以固定。由于宽巷模糊度的波长较长,相比于基础模糊度,宽巷模糊更容易固定。对于动态定位,可以采用先固定宽巷模糊度,再固定基础模糊度进行定位解算。以GPS双频为例,由式(7-1)的载波观测方程可得宽巷观测方程为:

$$\lambda_w \varphi_{r,w}^{m} = R_r^{m} - c(\delta t^{m} - \delta t_r) + \lambda_w N_{r,w}^{m} + T_r^{m} - I_{r,w}^{m} + \varepsilon_{r,\varphi,w}^{m} \tag{7-3}$$

式中, w 为组合频率的下标, λ_w 为宽巷波长, $\varphi_{r,w}^{m}$ 为宽巷观测值, $N_{r,w}^{m}$ 为宽巷模糊度,其他符号同式(7-1)。

同样的对式(7-3)进行双差处理,可以消除或削弱部分误差的影响,双差之后的宽巷观测方程可以表示为:

$$\lambda_w \varphi_{rb,w}^{mn} = R_{rb}^{mn} + \lambda_w N_{rb,w}^{mn} + \varepsilon_{rb,\varphi,w}^{mn} \tag{7-4}$$

式中, $N_{rb,w}^{mn}$ 为双差宽巷模糊度, $\varepsilon_{rb,\varphi,w}^{mn}$ 为宽巷载波相位双差观测噪声,其他符号表示同式(7-3)。

利用式(7-4)和式(7-2)的宽巷双差观测方程和伪距双差观测方程即进行宽巷模糊度的求解。待估参数向量可以用式(7-5)表示:

$$\boldsymbol{x} = \begin{bmatrix} r_r^{\mathrm{T}} & N_{rb,w}^{mn} \end{bmatrix}^{\mathrm{T}} \tag{7-5}$$

式中, r_r^{T} 为基线向量的改正数。在参考卫星不变的情况下,每个历元将得到下列误差方程:

$$\begin{bmatrix} V_\rho \\ V_w \end{bmatrix} = \begin{bmatrix} \boldsymbol{e}_\rho & 0 \\ \boldsymbol{e}_w & \lambda_w \end{bmatrix} \begin{bmatrix} r_r \\ N_{rb,w}^{mn} \end{bmatrix} + \begin{bmatrix} R_{rb}^{mn0} + \varepsilon_{rb,\rho}^{mn} - \rho_{rb}^{mn} \\ R_{rb}^{mn0} + \varepsilon_{rb,\varphi,w}^{mn} - \varphi_{rb,w}^{mn} \end{bmatrix} \tag{7-6}$$

式中, e_ρ 和 e_w 为方向余弦向量之差, R_{rb}^{mn0} 为从测站 r,b 的位置至卫星 m,n 双差近似距离, 其他符号表示同上。其中, $e_\rho = e_w =$

$$\left[-\left(\frac{X^m-X_r}{R_r^{m0}} - \frac{X^n-X_r}{R_r^{n0}}\right) \quad -\left(\frac{Y^m-Y_r}{R_r^{m0}} - \frac{Y^n-Y_r}{R_r^{n0}}\right) \quad -\left(\frac{Z^m-Z_r}{R_r^{m0}} - \frac{Z^n-Z_r}{R_r^{n0}}\right) \right], R_r^{m0} =$$

$\sqrt{(X^m-X_r)^2+(Y^m-Y_r)^2+(Z^m-Z_r)^2}$, $R_r^{n0} = \sqrt{(X^n-X_r)^2+(Y^n-Y_r)^2+(Z^n-Z_r)^2}$ 。

为方便表示, 将式(7-6)简写为:

$$V = Ax + L \tag{7-7}$$

式中, $V = \begin{bmatrix} V_\rho \\ V_w \end{bmatrix}$, $A = \begin{bmatrix} e & 0 \\ e & \lambda_w \end{bmatrix}$, $L = \begin{bmatrix} R_{rb}^{mn0} + \varepsilon_{rb,\rho}^{mn} - \rho_{rb}^{mn} \\ R_{rb}^{mn0} + \varepsilon_{rb,\varphi,w}^{mn} - \varphi_{rb,w}^{mn} \end{bmatrix}$ 。

最后, 将基准站 b 与监测站 r 所有共视卫星与参考星 m 作双差, 当有 $k+1$ 颗卫星时, 能列出 k 个如同式(7-7)的方程

$$\begin{bmatrix} V_{m,1} \\ V_{m,2} \\ \vdots \\ V_{m,k} \end{bmatrix} = \begin{bmatrix} A_{m,1} \\ A_{m,2} \\ \vdots \\ A_{m,k} \end{bmatrix} \cdot \begin{bmatrix} r \\ N_{rb,w}^{mk} \end{bmatrix} + \begin{bmatrix} L_1 \\ L_2 \\ \vdots \\ L_k \end{bmatrix} \tag{7-8}$$

式中, r 表示基线向量的改正数, $N_{rb,w}^{mk}$ 表示双差宽巷整周模糊度参数。

采用最小二乘原理对方程(7-8)进行解算, 首先不考虑模糊度的整数特性, 将它当作实数来求解, 得到其基线向量改正数 $\hat{r}$, 宽巷模糊度的实数解 $\hat{B}_w$, 及其协方差矩阵

$$\hat{r} = \begin{bmatrix} r_x & r_y & r_z \end{bmatrix}^{\mathrm{T}} \quad Q_w = \begin{bmatrix} Q_{rr} & Q_{rN_w} \\ Q_{N_w r} & Q_{N_w N_w} \end{bmatrix} \tag{7-9}$$

将求得的整周模糊度实数解 $\hat{B}_w$ 采用 LAMBDA 方法进行搜索固定为整数。为了提高宽巷模糊度搜索的正确性, 可以根据模糊度的方差将模糊度分成主模糊度组和从模糊度组。首先搜索固定方差较小的主模糊度组, 然后再作为约束搜索固定从模糊度组。最后, 将固定的整周模糊度代入宽巷观测方程中。

当宽巷模糊度被精确固定之后, 即可根据式(7-2)和式(7-4)的宽巷观测方程与基础观测方程求解基础模糊度。其误差方程可以表

示为

$$\begin{bmatrix} V_{\varphi} \\ V_{w} \end{bmatrix} = \begin{bmatrix} e_{\varphi} & \lambda_i \\ e_w & 0 \end{bmatrix} \begin{bmatrix} r_r \\ N_{rb,i}^{mn} \end{bmatrix} + \begin{bmatrix} R_{rb}^{mn0} + \varepsilon_{rb,\varphi,i}^{mn} - \varphi_{rb,i}^{mn} \\ R_{rb}^{mn0} + \varepsilon_{rb,\varphi,w}^{mn} - \varphi_{rb,w}^{mn} + \lambda_i N_{rb,w}^{mn} \end{bmatrix} \quad (7\text{-}10)$$

式中,$e_{\varphi} = e_w$,其他符号表示同上。

同样的对于 $k+1$ 颗卫星,式(7-10)可以列出形如式(7-8)的误差方程组,根据最小二乘原理解算基础模糊度浮点解 $\hat{B}_i$,及其协方差阵

$$Q_i = \begin{bmatrix} Q_{rr} & Q_{rN_i} \\ Q_{N_i r} & Q_{N_i N_i} \end{bmatrix} \quad (7\text{-}11)$$

将求得的基础模糊度浮点解 $\hat{B}_i$ 采用 LAMBDA 算法进行搜索固定,亦可采用分组的方法进行搜索固定。然后将固定的整周模糊度代入式(7-2)的载波双差观测方程中,求得固定模糊度后的基线向量参数 r。随后根据基准站的已知坐标加上求解出的基线向量参数,可求解出监测站的未知坐标。

7.2 多路径效应原理

在 GPS 测量中,接收机既接收卫星的直接信号,也接收经周围反射物反射的间接信号,两种信号的叠加干涉造成的信号延迟效应称为多路径效应,如图 7-1 所示。多路径效应对 GPS 测量精度产生极大的损害,甚至导致卫星信号失锁,是 GPS 高精度测量中的重要误差。多路径效应引起观测误差易受周围环境的影响,观测环境不同,多路径误差会有很大差别,故不同测站间的多路径误差没有相关性,不能采用观测值求差的方法来消除。

一般情况下,卫星高度角越低越易受多路径效应影响。多路径效应对伪距测量的影响比载波相位严重得多,载波相位测量的多路径误差为厘米级,最大可达波长的 1/4,一般情况下不超过 1cm;理论上多路径误差对 P 码最大可达 15m,对 C/A 码最大可达 150m。

GPS 接收机实际接收的信号包括卫星的直接信号和反射的间接信号,叠加信号会导致出现干涉时延效应,称为多路径效应。实际

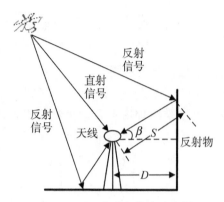

图 7-1　GPS 多路径效应示意图

上,多路径效应是间接信号对接收机观测的影响。直射信号和反射信号的数学模型分别为:

$$S_1 = A\sin\omega t \tag{7-12}$$

$$S_2 = \alpha_1 A\sin(\omega t + \Delta) \tag{7-13}$$

式中,S_1 为直射信号,S_2 为反射信号,α_1 为发射系数,Δ 为反射信号偏移量,ω 为信号角频率。两式叠加后的信号为:

$$S = A\sin\omega t + \alpha_1 A\sin(\omega t + \Delta) \tag{7-14}$$

式(7-14)经整理可得:

$$S = \alpha_0 A\sin(\omega t + \Delta_0) \tag{7-15}$$

其中,$\alpha_0 = \sqrt{1 + 2\alpha_1\cos\Delta + \alpha_1^2}$,$\Delta_0 = \arctan\left(\dfrac{a_1\sin\Delta}{1 + a_1\cos\Delta}\right)$。

Δ_0 为载波相位测量中的多路径误差,则由多路径效应引起的相位误差可用式(7-16)表示:

$$S_m = \frac{\Delta_0}{2\pi}\lambda = \frac{\lambda}{2\pi}\arctan\left(\frac{a_1\sin\Delta}{1 + a_1\cos\Delta}\right) \tag{7-16}$$

可以看出:由多路径引起的最大相位偏移为 $\dfrac{\pi}{2}$,即 1/4 个波长,所以 L_1 载波相位测量中多路径误差的最大值为 4.8 cm,L_2 载波为 6.1 cm。

多路径效应在邻近几日的坐标序列具有较强的重复性,利用这种重复性特性,采用一定的数学方法可进行多路径提取,实现多路径误差的消除。即利用第一天观测值坐标序列提取的多路径模型,对第二天及以后观测值坐标序列进行多路径误差修正,便可实现对动态数据多路径误差的削弱。本章分别利用经验模态分解(EMD)、小波变换(WT)、Vondrak 滤波方法,提取多路径,对第二天观测值坐标序列进行多路径误差分离。

7.3　井筒动态变形多路径分离技术

多路径效应在不同测站间不具有相关性,无法通过观测值求差进行消除,使其成为短基线测量的主要误差。在数据采集阶段,可以通过设置合适的站点、采用扼流圈天线或抑径板基座来降低多路径效应的影响。在数据处理阶段,可以通过滤波方法对原始观测坐标序列中的多路径误差进行提取。本章主要研究从原始观测坐标序列中提取多路径误差。利用多路径效应的周日重复特性,运用多种不同滤波方法进行多路径模型的提取,对第二天观测值坐标序列进行多路径误差分离,从而实现消除多路径误差的目的。

7.3.1　经验模态分解

经验模态分解(Empirical Mode Decomposition,EMD)是由 Huang 等在 1998 年给出的新的时频分析工具,该方法属于一种自适应的局部时频分析方法,它根据信号自身的特性将信号分解成有限个经验模态函数,特别适合非平稳信号的分析。

EMD 将信号分解为满足以下条件的本征模态函数(Intrinsic Mode Function,IMF):① 零值个数与极值点个数相差不大于 1;② 函数关于局部平均对称,即由局部极大值点和极小值点分别构成的包络线均值为零。一维信号 $x(t)$ 的分解可表示为:

$$x(t) = \sum_{i=1}^{n} \mathrm{imf}_i(t) + r_n(t) \tag{7-17}$$

式中,n 为模态函数分解尺度,$r_n(t)$ 为单调残差序列,$\mathrm{imf}_i(t)$ 表示 i 个模态函数。EMD 算法的基本步骤为:

① 求取信号 $x(t)$ 的极值点；

② 根据极小值点绘制下包络线 $e_{\min}(t)$ 和极大值点绘制上包络线 $e_{\max}(t)$，计算上下包络线的均值 $m(t) = \dfrac{1}{2}[e_{\min}(t) + e_{\max}(t)]$；

③ 提取细节信息 $d(t) = x(t) - m(t)$；

④ 令 $x(t) = d(t)$，重复步骤①~③，当 $d(t)$ 均值等于零时停止迭代，该零均值 $d(t)$ 即为一个最高频的模态函数，记为 $\mathrm{imf}_i(t)$；

⑤ 将 $\mathrm{imf}_i(t)$ 从原始信号中分离，获得残差信号 $r_i(t) = x(t) - \mathrm{imf}_i(t)$；

⑥ 令 $x(t) = r_i(t)$，重复步骤①~⑤，如此迭代 n 次，直到 $r_n(t)$ 不能继续分解。

定义 EMD 求取 IMF 分量的算子为 $F_{\mathrm{imf}}(\cdot)$，求取残差算子为 $F_{\mathrm{residual}}(\cdot)$。$F_{\mathrm{imf}}(\cdot)$ 算子包含 EMD 分解过程的步骤①~⑤，得到该尺度的高频部分；$F_{\mathrm{residual}}(\cdot)$ 算子计算 EMD 多尺度分解的残差，即步骤⑥，对应尺度的低频部分；可以继续分解低频部分，从而实现 EMD 多尺度的分解过程。原始第 0 层尺度信号 $x_0(t)$ 采用原始信号 $x(t)$ 表示，第 i 尺度到第 $i+1$ 尺度的分解过程表示如下：

$$\mathrm{imf}^{i+1}(t) = F_{\mathrm{imf}}(m_i(t)) \tag{7-18}$$

$$m^{i+1}(t) = F_{\mathrm{residual}}(m_i(t)) \tag{7-19}$$

重构式为：

$$m^i(t) = F_{\mathrm{imf}}^{-1}(\mathrm{imf}_{i+1}(t)) + F_{\mathrm{residual}}^{-1}(m_{i+1}(t)) \tag{7-20}$$

其中，$F_{\mathrm{imf}}^{-1}(\cdot)$ 和 $F_{\mathrm{residual}}^{-1}(\cdot)$ 分别表示 $F_{\mathrm{imf}}(\cdot)$ 与 $F_{\mathrm{residual}}(\cdot)$ 的逆过程。

EMD 方法提出后，在信号预测、突变检测、信号分解等方面取得成功的应用。EMD 过程提供的多尺度结构可用图 7-2 表示。

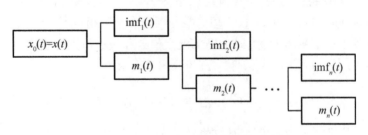

图 7-2　基于 EMD 多尺度分解结构示意图

使用 EMD 进行信号多尺度分解提取趋势项时,按尺度标准化模量的累积均值为:

$$\hat{h}_m = \text{mean}(\sum_{i=1}^{m}(\text{imf}_i(t) - \text{mean}(\text{imf}_i(t))/std(\text{imf}_i(t)))) \quad m \leqslant n$$

(7-21)

式中,$\text{imf}_i(t)$ 是第 i 尺度的模量,若 $\hat{h}_m$ 偏离零值,则认为从尺度 m 开始模量是系统趋势变化引起的。

GPS 在观测过程中总会受到随机噪声的影响,经验模态分解可以将信号分解为若干高频分量和低频分量,观测噪声主要集中在高频信号上,而多路径效应主要表现为低频信号。通过计算标准化模量累积均值,确定合适的分解级数,分离出原始信号的白噪声、多路径误差和系统趋势项。通过 IMF 分量重构获得多路径模型和去噪后的信号,去噪后的信号表示如下:

$$\hat{x}(t) = \sum_{i=m}^{n} \text{imf}_i(t) + r_n(t)$$

(7-22)

7.3.2 小波变换

小波变换理论以其独特的时域局域化特点广泛应用于信号处理、模式识别等各个领域。

满足重构条件 $c_\psi = \int w^{-1} |\hat{\psi}(\omega)|^2 d\omega < +\infty$ 的函数 $\hat{\psi}(\omega)$ 对应的时间域函数 $\psi(t)$ 称为小波基函数,$\psi(t)$ 通过伸缩和平移构成函数系:

$$\psi_{(a,b)}(t) = \frac{1}{\sqrt{|a|}} \psi\left(\frac{t-b}{a}\right)(b \in \mathbf{R}, a \in \mathbf{R}, a \neq 0)$$

(7-23)

称为小波函数系,其中,$\psi_{(a,b)}(t)$ 称为子小波。其中,a 为尺度因子伸缩,b 为平移参数。

随时间变化的信号序列 $f(t) \in L^2(\mathbf{R})$ 的连续小波变换定义为:

$$W_f(a,b) = \langle f(t), \psi_{(a,b)}(t) \rangle = \int_{-\infty}^{+\infty} f(t) \overline{\psi_{(a,b)}}(t) dt$$

(7-24)

$W_f(a,b)$ 通过参数 a 反映频域特性,b 反映时域特性。它是子小波与函数 $f(t)$ 通过内积运算经离散化的结果,也即是序列函数 $f(t)$ 和小波之间的相似指数,如果这个指数较大,相似性就较强;否则,就较弱。

小波分析函数的选取需要结合小波函数的性质,根据经验算式来确定,没有统一的标准。本书中基于以下几点考虑采用 db2 小波函数进行变换分析:①"dbN"小波函数能够进行离散小波变换,可以采用 Mallat 快速分解和合成算法来提高运算效率;②"dbN"小波系列具有正交性、紧支撑性、近似对称性等优点;③ "dbN"小波的有效支撑长度为 2N-1,为了满足粗差识别时间精度的要求,小波函数的支撑区间不能取太大;④实际分析中,db2 小波函数能有效地识别 3 类粗差,分离趋势项信号。

由于观测噪声主要集中在高频信号上,多路径效应主要表现为低频,对不同分阶层的高频系数评价计算各自的阈值对小波系数进行阈值处理,对高于阈值的小波系数尽量保留其真实值。而对低于阈值的小波系数赋予 0 值,然后进行重构,可获得提出的多路径效应模型。

GPS 原始坐标序列信号通过小波变换实现快速分解和重构,信号分解是指将信号分解为不同频带的小波变换系数,信号重构是指选择合理的分解系数构成相应的信号。小波分解过程如式(7-25)所示,S 表示原始信号,C 表示近似部分,D 表示细节成分。

$$S = C_n + D_n + \cdots + D_1 \tag{7-25}$$

7.3.3　Vondrak 滤波

(x_i, y_i) 用来表示一个时间序列,$i = 1, 2, \cdots, N$,其中,x_i 和 y_i 分别表示观测时间和观测值,Vondrak 滤波器的基本原理用式(7-26)表示:

$$Q = F + \lambda^2 S \rightarrow \min \tag{7-26}$$

其中,

$$F = \sum_{i=1}^{N} p_i \left(y'_i - y_i \right)^2 \tag{7-27}$$

$$S = \sum_{i=1}^{N-3} \left(\Delta^3 y'_i \right)^2 \tag{7-28}$$

式中,y_i' 为测量数据 y_i 经过 Vondrak 滤波之后的值,p_i 为测量数据 y_i 的权值,$\Delta^3 y_i'$ 为基于拉格朗日多项式的滤波值三阶差分,F 为对观测资料的拟合度,S 为对观测资料的平滑度,λ^2 是用于调节拟合度和平滑度之间关系的参数。

当 λ^2 趋向于 0 时,要使 Q 得到最小值,必须是 F 趋向于 0,滤波之后的观测值逼近滤波之前的观测值,得到一条很不光滑的曲线,称为"绝对拟合"。当 λ^2 趋向于 $+\infty$ 时,要使 Q 得到最小值,使 S 趋近于 0,得到一条十分光滑的抛物曲线,被称为"绝对平滑"。令 $\theta = 1/\lambda^2$,θ 的数值直接影响了曲线的光滑程度,故 θ 被称为 Vondrak 滤波的平滑因子。当 θ 值越大,滤波曲线的光滑程度越弱,反之,光滑程度越强。Vondrak 滤波方法就是寻找一条折中的曲线,使其介于观测数据的绝对拟合和绝对平滑之间。

Vondrak 滤波器通过调节平滑因子的大小来实现滤波,实现平滑的过程就可以实现对高频噪声的消除,因此,Vondrak 滤波可以作为低通滤波器来使用。Vondrak 滤波的频率响应函数用式(7-29)表示:

$$G(\theta,f) = \frac{1}{1 + \theta^{-1}(2\pi f)^6} \qquad (7-29)$$

式中,f 为频率值的大小。

通过上述原理分析可以看出 θ 是 Vondrak 滤波器中唯一需要确定的参数,一方面说明了 Vondrak 滤波操作使用较为简单,另一方面说明了 θ 对于最后计算结果的重要性。如果可以确定合理的平滑因子,Vondrak 滤波就可以很好地实现低通滤波的工作,从高频噪声中有效分离出低频信息。可采用遗传搜索算法精确确定平滑因子,具体过程不再详述。

7.3.4 技术路线

利用多路径效应的周日重复特性,针对相邻两日观测值,分别采用 EMD 方法、WT 方法、Vondrak 滤波方法,对第一日的 GPS 观测值位移序列进行多路径模型提取,分析相邻两日坐标序列的相关性,通过不同指标对三种方法提取多路径模型的结果进行评价。利用多路

径模型对第二天观测值坐标序列进行多路径误差去除,并且采用和
第一天提取多路径相同的方法,另外对第二天数据进行自身多路径
误差的消除,对比分析利用多路径重复特性去除多路径误差效果。
具体技术路线如图7-3所示。

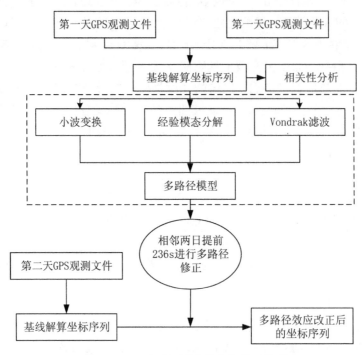

图 7-3　GPS 多路径误差分离与修正模型

7.4　评价指标

（1）相关性分析

井筒变形监测过程中,对同一测站而言,相邻两天周围环境不
变,多路径误差会表现出一定的相关性,GPS 卫星每运行一个周期,
到达同一测站的时间会提前 236 s,观测值的多路径误差表现出较强
的相关性,相关系数如式(7-30)所示:

$$\rho_{xy}(l) = \frac{\mathbf{r}_{xy}(l)}{\sqrt{\mathbf{r}_{xx}(0)\mathbf{r}_{yy}(0)}} \qquad (7\text{-}30)$$

$$\mathbf{r}_{xy}(l) = \frac{1}{n}\sum_{i=1}^{n} x(n)y_l(n) \qquad (7\text{-}31)$$

式中,$\mathbf{r}_{xy}(l)$ 为 x 序列和延迟 l 序列的协方差,$\mathbf{r}_{xx}(0)$,$\mathbf{r}_{yy}(0)$ 分别为 x,y 序列的方差。当相关系数最大时,延迟的时间理论上应该是 236 s。

(2)标准差

$$\sigma = \sqrt{\frac{1}{n}\sum_{i=1}^{n}(x_i - \bar{x})^2} \qquad (7\text{-}32)$$

式中,x 为观测信号,$\bar{x}$ 为观测信号算术平均值,采用 σ 反映观测信号的离散程度。

7.5 野外实验数据分析

在中国矿业大学环境与测绘学院六楼天台进行静态观测实验,采集连续两天 2016 年 3 月 29 日和 3 月 30 日相同时段的观测数据,采样频率为 1Hz,卫星截止高度角为 10°,两天天气晴朗,微风,气温变化不大,实验观测时段见表 7-1。接收机 1 作为基准站置于六楼天台强制对中墩,周围空旷无遮挡物,观测条件良好;在六楼天台选择已知点架设脚架固定接收机 2,在东南方向 3 m 左右位置有遮挡物,观测环境如图 7-4 所示。另外设置空旷环境对照组实验,将接收机 2 放置在楼顶东北角强制对中墩,四周空旷无遮挡物。经过基线解算,得到监测站(接收机 2)的三维方向(N、E、H)的位移序列,截取 1 小时的观测数据进行分析,相邻两天的坐标序列如图 7-5 所示。从图中可以看出,位移序列波形噪声明显,主要是由多路径误差和随机噪声组成;这两天的位移坐标序列表现出较强的相关性,波形变化趋势较一致,不过第二天的位移坐标序列变化趋势较第一天提前到来,这和由卫星周期性导致的多路径相关性有关。

图 7-4 监测站位置

表 7-1 实验观测时段

日期	观测时段	
	空旷环境	多路径环境
3 月 29 日	10:20-11:23	11:30-12:40
3 月 30 日	10:08-11:13	11:20-12:40

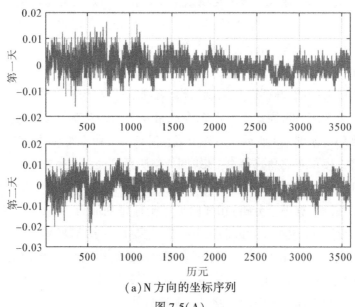

(a)N 方向的坐标序列

图 7-5(A)

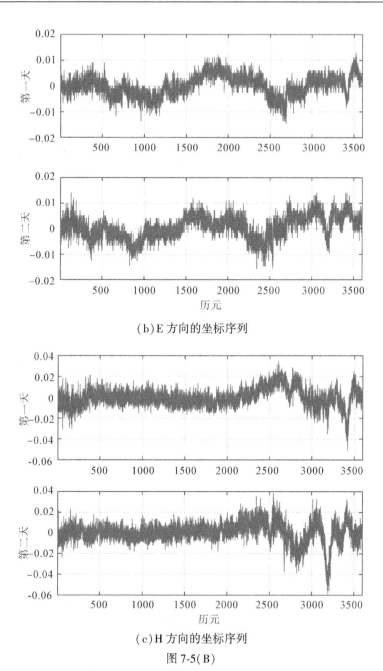

（b）E方向的坐标序列

（c）H方向的坐标序列

图 7-5（B）

图 7-5 相邻两天 N,E,H 方向的坐标序列

通过图 7-6 和图 7-7 中的 PDOP 值,可以看出相邻两天同一测站

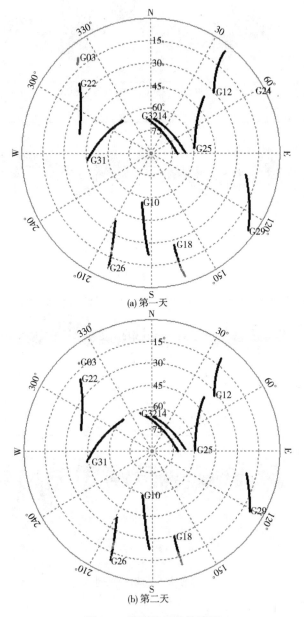

(a) 第一天

(b) 第二天

图 7-6　监测站卫星轨迹图

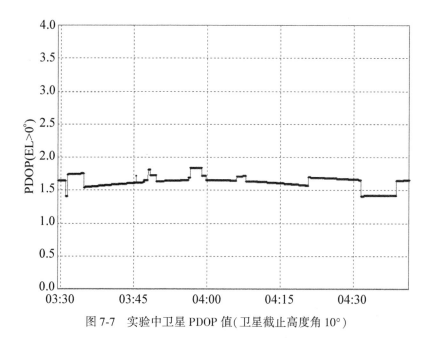

图 7-7　实验中卫星 PDOP 值(卫星截止高度角 10°)

进行 GPS 观测的卫星个数变化不大,可见卫星数量超过 10 颗说明观测条件良好;PDOP 值变动幅度小且很低,说明了此实验的观测误差主要受多路径效应和随机误差的影响。

　　求解相邻两天原始坐标序列 N、E、H 三个方向上的相关系数如图 7-8 所示,相关系数的最大值及其出现位置见表 7-2。相邻两天同一测站同一观测时段的数据在 N、E、H 三个方向的相关系数极大值分别为 0.522、0.690 和 0.538,介于 0.5~0.7 之间,说明相邻两天坐标序列相关性较强;三个方向的相关系数极大值分别出现在 -235 s,-234 s 和 -231 s,与理论值 -236 s 基本相符,说明多路径误差是此静态观测数据的主要误差源。同时求算空旷环境下相邻两天原始坐标序列的相关系数见表 7-3,N、E、H 三个方向的相关系数极大值分别为 0.130、0.328、0.155,说明非多路径环境下相邻两天坐标序列相关性较弱,主要表现为随机误差,在一定程度上可证明多路径环境下静态观测数据的主要误差源是多路径误差和随机噪声。

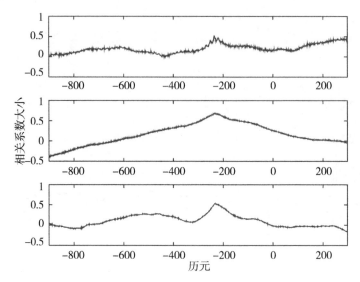

图 7-8　相邻两天原始坐标序列的相关系数(N、E、H)

表 7-2　　原始坐标序列相关系数最大值及其出现的位置

坐标分量	N 方向	E 方向	H 方向
极大值/位置	0.522/−235s	0.690/−234s	0.538/−231s

表 7-3　　空旷环境原始坐标序列相关系数最大值

坐标分量	N 方向	E 方向	H 方向
极大值	0.130	0.328	0.155

7.5.1　多路径信息提取

　　考虑到多路径的重复性,可以提取相邻观测数据相关性较强的多路径效应,用于修正多路径误差。首先对第一天观测坐标序列进行多路径模型的提取,分别采用 EMD、WT(小波变换) 、Vondrak 滤波三种方法。

　　对第一天坐标序列进行 EMD 分解,N、E、H 三个方向的经验模态分解如图 7-9 所示,分解尺度分别为 11、10、11,标准化模量累计值

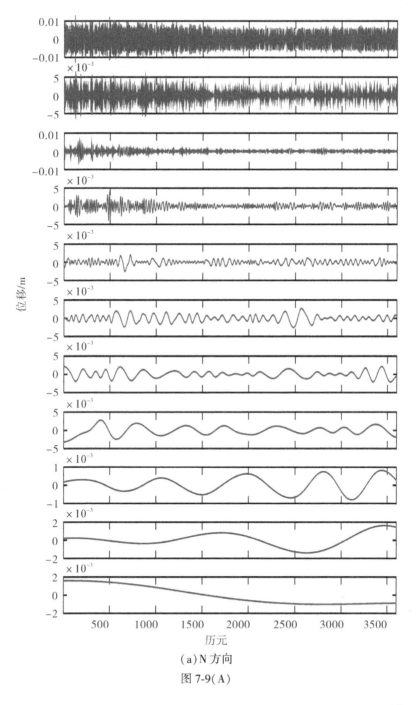

（a）N 方向

图 7-9(A)

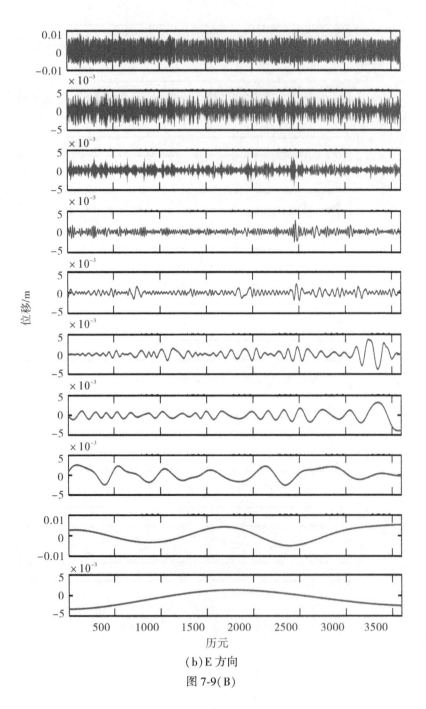

(b) E 方向

图 7-9(B)

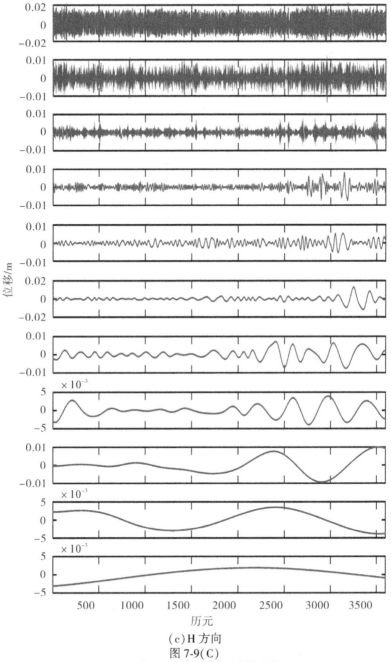

（c）H 方向

图 7-9(C)

图 7-9 第一天坐标序列经验模态分解

计算结果如图 7-10 所示,可以看出三个方向分别从尺度 6、5、4 开始偏离零值,可认为更高阶尺度的变化是由系统趋势所致,故分别从尺度 6、5、4 开始提取低频信息,进行低频部分重建获取多路径模型,三种方法提取的多路径模型分别如图 7-11,图 7-12,图 7-13 所示。基于不同方法提取的多路径标准差见表 7-4,可以看出不同方法得到的多路径的标准差差别不大,达到毫米级,说明不同的提取方法均可获得较高相似度的趋势项,Vondrak 滤波方法相对较优。

基于 EMD 方法提取相邻两天相同时段的多路径相关系数如图 7-14 所示。可以看出其曲线趋势和原始观测序列间的相关系数一致,幅值显著增大,证明 EMD 方法提取多路径模型效果显著。从表 7-5 可以看到,基于 EMD 方法提取的多路径模型的相关系数极大值分别是 0.699、0.870、0.744,介于 0.6~0.9 之间,比相邻两天原始数据相关性更好;极大值出现的位置分别是−225 s、−230 s、−224 s, 与理

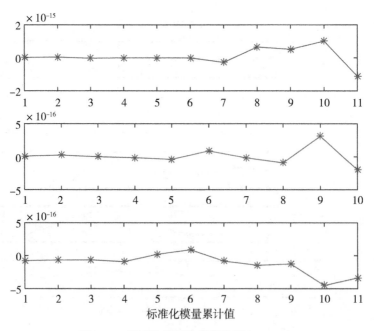

图 7-10　标准化模量的累积均值(N、E、H)

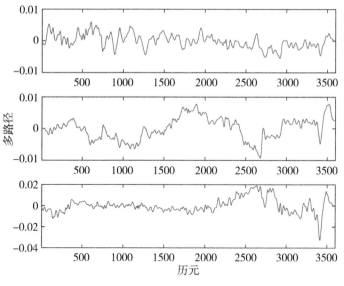

图 7-11 EMD 提取多路径模型(N、E、H)

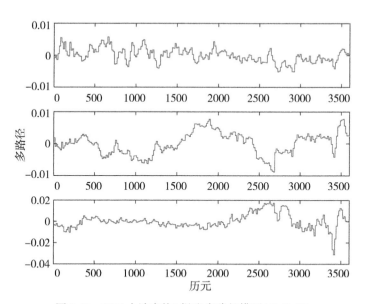

图 7-12 WT(小波变换)提取多路径模型(N、E、H)

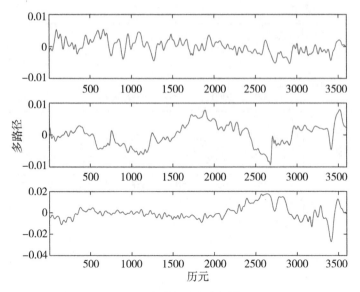

图 7-13　Vondrak 滤波提取多路径模型(N、E、H)

表 7-4　　　　　　　　　不同方法提取的多路径标准差

模型	N 方向/mm	E 方向/mm	H 方向/mm
EMD	2.24	3.54	7.15
WT	2.28	3.59	7.0
Vondrak	2.15	3.53	6.81

论值基本吻合。基于 WT、Vondrak 滤波方法提取的多路径相关系数,均与原始数据相关系数波形趋势相似,极值增大显著,其极值情况统计结果见表 7-5。

　　总体上,基于不同方法提取的相邻两天同一观测时段的多路径模型相关系数,较原始数据有了一定提高,表现出较强的相关性,并且相关系数极大值出现位置和理论值接近,证明了提取的多路径模型的有效性。三种不同的提取多路径模型的方法均能取得较好效果,都可以取得较高的相关系数,其中提出的基于 Vondrak 滤波的多路径模型提取方法相对最优。

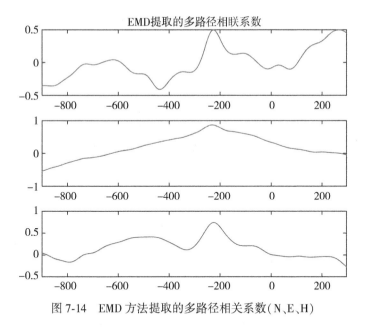

图 7-14　EMD 方法提取的多路径相关系数（N、E、H）

表 7-5　**不同方法提取的多路径相关系数极大值及其出现的位置**

模型	N 方向	E 方向	H 方向
EMD	0.699/−225s	0.870/−230s	0.744/−224s
WT	0.636/−234s	0.852/−233s	0.721/−232s
Vondrak	0.703/−234s	0.879/−235s	0.750/−230s

相应地，可求出基于不同方法提取多路径模型后的残差序列的相关系数。

基于 EMD 方法提取多路径模型后的残差序列相关系数如图 7-15 所示，从图中可以看出，去除多路径误差后的残差序列的相关系数极值不显著，随机性较强，可认为其误差为随机噪声，说明 EMD 方法有效提取了多路径模型。基于 WT 和 Vondrak 滤波方法提取多路径模型后的残差序列相关系数曲线和 EMD 方法类似。基于三种不同方法提取的多路径模型后的残差序列相关系数最大值及其出现的位置见表 7-6。经比较可以看出，三种方法的相关系数最大值均小于0.2,相关性非常小,说明多路径均得到较好的提取;相关系数最大值出现位置大多位于理论值附近,个别的在其他位置,整体来看理论情况符合。

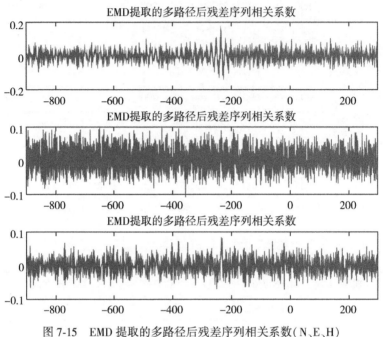

图7-15 EMD提取的多路径后残差序列相关系数(N、E、H)

表7-6 去除多路径后残差序列相关系数最大值及其出现的位置

模型	N 方向	E 方向	H 方向
EMD	0.155/−235 s	0.149/−435 s	0.071/−234 s
WT	0.158/−240 s	0.150/−236 s	0.072/−238 s
Vondrak	0.143/−240 s	0.136/−240 s	0.062/−242 s

7.5.2 动态变形序列提取

EMD、WT 和 Vondrak 滤波三种方法均能有效提取 GPS 观测序列的多路径误差模型,利用第一天观测序列多路径误差模型对第二天观测数据进行理论最大多路径误差消除,从图7-16中可看出,第二天坐标序列经多路径误差修正后变得更加平滑,经计算坐标序列标准差可知,N、E、H方向的标准差分别是3.33mm,2.51mm,7.10mm,较原始坐标数据的标准差分别提高了8.5%,38.9%和23.4%,能有效消除多路径误差,提高定位精度。表7-7给出了基于不同多路径模型修正后的坐标序列标准差,经比较可以看出,三种方法修正后的标准差明显减小,在一定程度上说明了有效消除多路径误差的可行性;同时可以看出,E方向去除多路径误差后精度提高最为显著,而N和H方向相对较小,特别是N方向,这主要是由于N方向受多路径影响相对较小。三种方法比较,Vondrak滤波方法得到的坐标序列标准差相对最小。

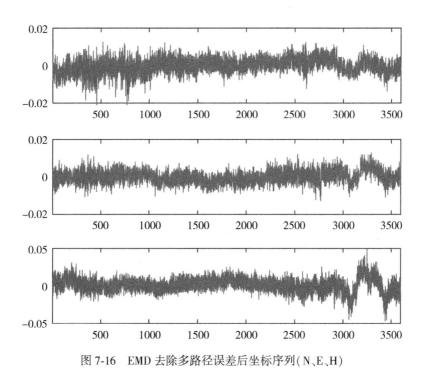

图7-16　EMD去除多路径误差后坐标序列(N、E、H)

表 7-7 　 　基于不同多路径模型修正后的坐标序列标准差

模型	N 方向/mm	E 方向/mm	H 方向/mm
原始坐标	3.64	4.11	9.27
EMD	3.33	2.51	7.10
WT	3.39	2.65	7.46
Vondrak	3.26	2.46	6.95

7.6 　某矿井筒实测数据分析

对兖州某煤矿主井变形进行监测(图 7-17),基准站架设于空旷地面并固定,周围无明显遮挡物,监测站架设于主井井筒井塔顶部并固定于观测桩上;采用 2 台 Leica 1200+ 双频接收机,在 2010 年 3 月 13—14 日连续 2 天相同时间段(9:00~16:00)进行数据采集,采样间隔为 1 s,卫星截止高度角为 10°,其中,第 2 天(3 月 14 日)由于下雨,部分数据中断,故截取 12:12—15:19 时间段的数据进行后续处理与分析,解算的 X,Y,Z 这 3 个方向上的初始坐标序列如图 7-18 所示,总体上表现出了明显的趋势项,由上述分析可知,其主要为多路径误差。

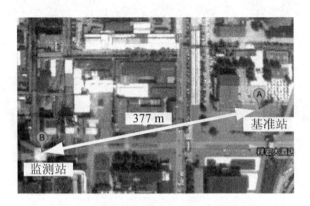

图 7-17 　基准站与监测站设站位置示意图

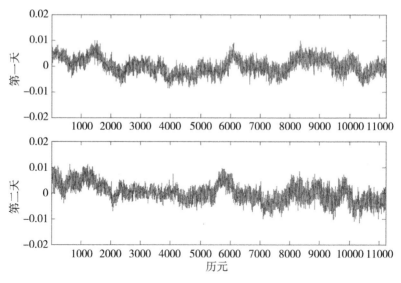

(a) X 方向的坐标序列

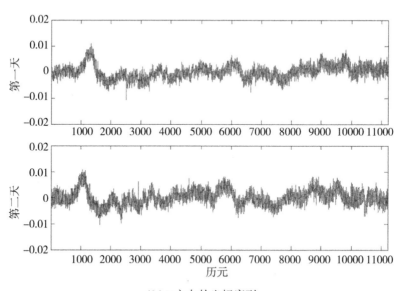

(b) Y 方向的坐标序列

图 7-18(A)

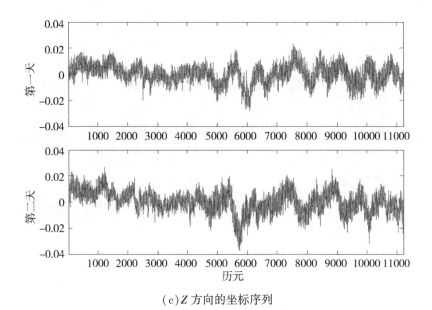

（c）Z 方向的坐标序列

图 7-18（B）

图 7-18　相邻两天 X,Y,Z 方向的坐标序列

7.6.1　多路径信息提取

对第一天坐标序列进行 EMD 分解，X、Y、Z 三个方向的经验模态分解如图 7-19 所示，分解尺度分别为 11、11、12，标准化模量累计值计算结果如图 7-20 所示，可以看出三个方向分别从尺度 8、8、9 开始偏离零值，可认为更高阶尺度的变化是由系统趋势所致，故分别从尺度 8、8、9 开始提取低频信息，进行低频部分重建获取多路径模型，三种方法提取的多路径模型分别如图 7-21，图 7-22，图 7-23 所示。基于不同方法提取的多路径标准差见表 7-8。

基于 EMD 方法提取相邻两天相同时段的多路径相关系数如图 7-24 所示。从表 7-9 可以看到，基于 EMD 方法提取的多路径模型的相关系数极大值分别是 0.692、0.888、0.677，介于 0.6~0.9 之间，比相邻两天原始数据相关性更好；极大值出现的位置分别是 −242 s、−245 s、−271 s，与理论值基本吻合，见表 7-10。

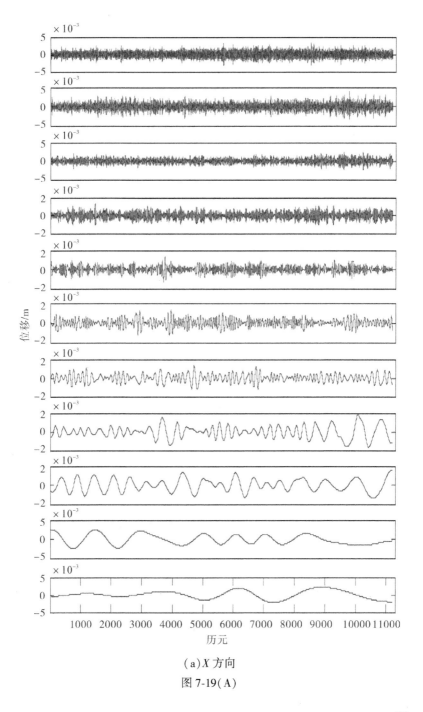

（a）X 方向

图 7-19(A)

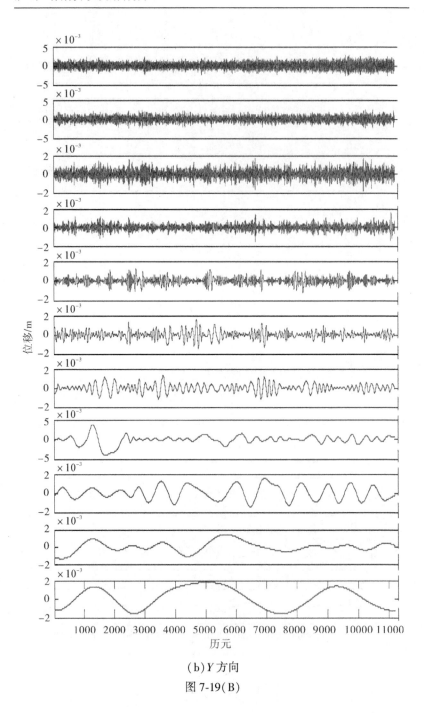

（b）Y 方向

图 7-19（B）

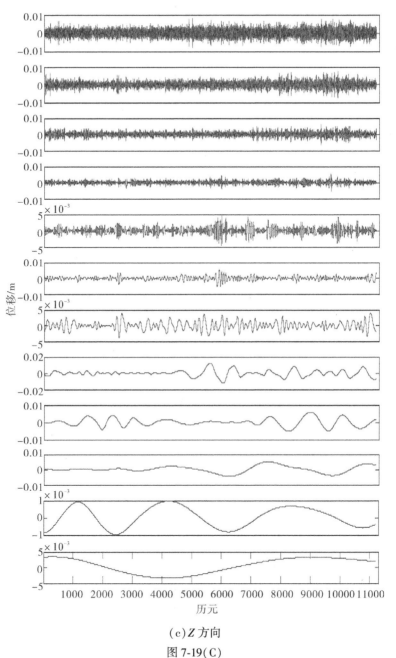

（c）Z方向

图 7-19（C）

图 7-19　第一天坐标序列经验模态分解

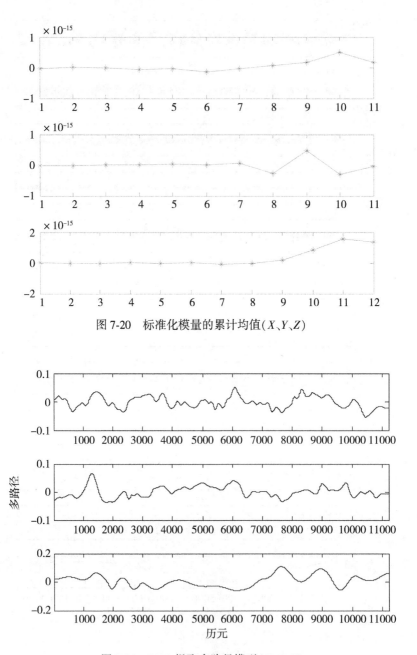

图 7-20　标准化模量的累计均值(X、Y、Z)

图 7-21　EMD 提取多路径模型(X、Y、Z)

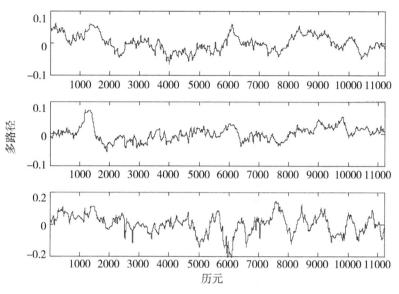

图 7-22　WT 提取多路径模型(X、Y、Z)

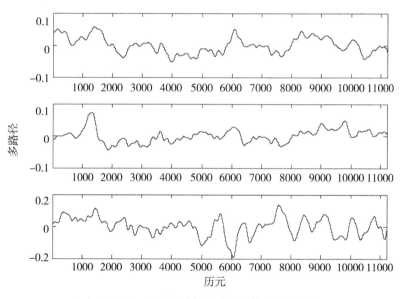

图 7-23　Vondrak 滤波提取多路径模型(X、Y、Z)

表 7-8   不同方法提取的多路径标准差

模型	X 方向/mm	Y 方向/mm	Z 方向/mm
EMD	2.52	2.09	4.23
WT	2.57	2.19	5.89
Vondrak	2.51	2.11	5.67

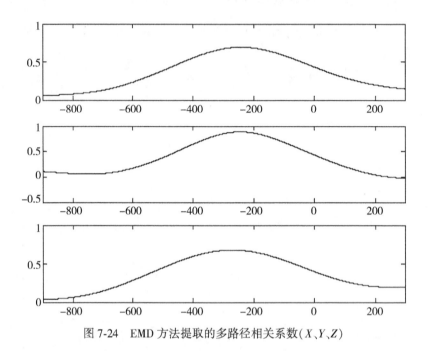

图 7-24   EMD 方法提取的多路径相关系数(X、Y、Z)

表 7-9   不同方法提取的多路径相关系数极大值及其出现的位置

模型	X 方向	Y 方向	Z 方向
EMD	0.692/−242s	0.888/−245s	0.677/−271s
WT	0.679/−254s	0.867/−248s	0.829/−255s
Vondrak	0.695/−249s	0.893/−243s	0.863/−259s

基于 EMD 方法提取多路径模型后的残差序列相关系数如图
7-25 所示。

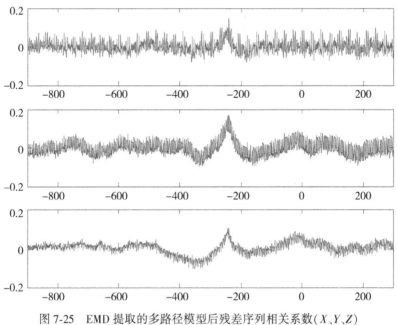

图 7-25 EMD 提取的多路径模型后残差序列相关系数(X、Y、Z)

表 7-10 去除多路径后残差序列相关系数最大值及其出现的位置

模型	X 方向	Y 方向	Z 方向
EMD	0.155/−235 s	0.149/−435 s	0.071/−234 s
WT	0.115/−240 s	0.086/−60 s	0.078/−245 s
Vondrak	0.143/−240 s	0.142/−240 s	0.122/−245 s

7.6.2 动态变形序列提取

利用第一天观测序列 EMD 方法提取的多路径误差模型对第二
天观测数据进行理论最大多路径误差消除,如图 7-26 所示。经计算
坐标序列标准差可知,X、Y、Z 方向的标准差分别是 2.73mm,

1.93mm,6.63mm,较原始坐标数据的标准差分别提高了 18.5%, 31.1%和19.2%,能有效消除多路径误差,提高定位精度。表 7-11 给出了基于不同多路径模型修正后的坐标序列标准差,经比较可以看出,三种方法修正后的标准差明显减小,在一定程度上说明有效消除多路径误差的可行性。

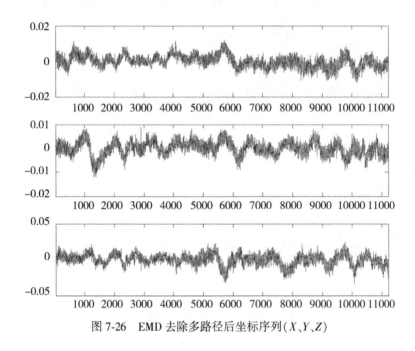

图 7-26　EMD 去除多路径后坐标序列(X、Y、Z)

表 7-11　　基于不同多路径模型修正后的坐标序列标准差

模型	X 方向/mm	Y 方向/mm	Z 方向/mm
原始坐标	3.35	2.80	8.21
EMD	2.73	1.93	6.63
WT	2.73	1.92	5.61
Vondrak	2.72	1.91	5.53

7.7 本章小结

多路径效应是卫星短基线变形监测的主要误差源,无法通过观测值求差方法去除。本章针对井筒动态变形提取,研究了基于经验模态分解、WT(小波变换)及 Vondrak 滤波的多路径分离技术,并针对多路径效应的周期性特征,提出井筒动态变形提取技术,采用不同的滤波方法提取多路径误差,并对第二天观测值坐标序列进行多路径误差修正,最后,采用野外实验数据与华东某矿主井井筒实测数据进行验证,达到消除多路径误差、提高定位精度的目的。建议在变形监测过程中,尽量选择较好的测站地址或采用硬件改进技术,比如扼流圈天线、抑径板基座等,进行多路径效应的预防,尽量减小多路径效应的影响。

第8章 井筒变形 GNSS/INS 融合监测技术

GNSS 进行低频监测的精度很高,并可提供高精度绝对坐标,而 INS 具备高频监测能力,除了提供加速度监测能力,还具备扭曲变形的监测能力。二者组合能适应绝大部分的工程结构健康监测,本章将介绍 GNSS/INS 组合的井筒变形监测原理,分别针对加速度计数据与组合数据进行变形分析。针对兖州某矿井塔实际监测数据,采用本章模型进行具体应用。

8.1 井筒 GNSS/INS 集成监测系统

8.1.1 GNSS/INS 组合变形监测系统

GNSS 在空旷区域可以提供连续的高精度定位信息,但易受到观测环境的限制,并且采样率通常不能满足高频动态监测的需求。惯性传感器可输出高频采样的姿态变化率与速度变化率,提供井筒高频动态变化结果,但受到器件误差的影响,不能提供长期的可靠定位。GNSS 与惯导的融合可以结合两者的优势,在导航领域已得到广泛的应用。

图 8-1 为中国矿业大学研发的 GNSS/INS 组合高精度导航定位系统,包含了高精度光纤惯性传感器(HZ325)、GNSS 高精度三星七频定位板卡(UB370)以及 FPGA 板卡,该系统主要进行时间同步与数据融合解算。GNSS 接收机可以输出精确的时间信息和秒脉冲信号 1PPS。一方面,1PPS 秒脉冲信号和 UTC(世界协调时)秒点是精确对齐的。GNSS 接收机严格地在每一个 1PPS 脉冲的边沿时刻

进行一次伪距、伪距变化率、载波相位测量、GNSS 标准授时、定位等测量。在整个时间同步系统中,利用 1PPS 信号作为两个分系统的共同时间同步信号。另一方面,IMU 的测量中心与 GNSS 的天线相位中心不重合,因此在数据解算时监测到的点位不一致,在动态变形监测领域,GNSS 与 IMU 固联在一起,通过标定后规划到同一参考点上。

图 8-1　GNSS/INS 组合高精度导航定位系统硬件原型

该系统在地籍测量、导航定位等领域已得到使用,系统可广泛应用于高精度导航领域,如移动测图系统、航测系统、自动驾驶领域,等等。通过系统融合,可以有效保证系统定位精度、提高系统定位可靠性以及连续性,同时也可以提高系统的完备性。高精度的惯性系统可以提供短时高精度位置信息,用于辅助 GNSS 高精度定位,提高系统的模糊度解算以及周跳探测能力。另外,结合惯性输出信息,可以提高系统的定位输出速率,平滑定位结果。为了验证系统的可靠性,图 8-2 和图 8-3 给出了车载导航以及船载导航实验的案例。本章采用该系统进行井筒变形监测,研究监测数据的处理理论与方法。

图 8-2　GNSS/INS 车载导航实验

图 8-3　GNSS/INS 船载导航实验

8.1.2　惯性元件的误差辨识

GNSS/INS 组合定位应用中,惯性传感器的质量直接影响了组合定位的性能,采用高精度惯性传感器可以有效提高系统的组合效果。对于惯性传感器而言,其输出信号含有多种随机噪声,且不同的随机噪声在统计性质上具有不同的特点,本节对惯性元件较常用的几种噪声进行分析,包括量化噪声、角速度/线速度随机游走、零偏不稳定性、角速率随机游走和漂移角速率斜坡。Allan 方差是在时域上对频域特性进行分析的一种估计算法,由 David Allan 于 1966 年提出,能对各种误差源及整个噪声统计特性的贡献进行细致地表征和辨识,且便于计算,易于分离。最初该方法用于分析振荡器的相位和频率不稳定性,由于陀螺等惯性传感器本身也具有振荡器的特征,因此随后被广泛应用于各种惯性传感器的随机误差辨识。本节主要对 Allan 方差进行惯性元件误差辨识研究。

Allan 方差估计算法如下:

① 采样:令 $\{x(t)\}, -\infty < t < +\infty$ 为零均值的平稳过程,$\{x_i\}, i = 0,1,\cdots,N$ 为其中的一个样本函数,采样间隔为 Δt;

② 分组:将样本点分成若干个连贯的数组,每个数组由 n 个样本点组成,其平均时间为 $\tau = n\Delta t$,其中 $n < N/2$;

③ 计算数组均值:对于相邻的第 k 组和第 $k+1$ 组数组,其平均值如式(8-1)所示:

$$\begin{aligned}
\bar{x}_k(\tau) &= \frac{1}{\tau}\int_{t_{k-1}}^{t_{k-1}+\tau} x(t)\,\mathrm{d}t \approx \frac{1}{n}\sum_{j=1}^{n} x_{k-1+j} \\
\bar{x}_{k+1}(\tau) &= \frac{1}{\tau}\int_{t_k}^{t_k+\tau} x(t)\,\mathrm{d}t \approx \frac{1}{n}\sum_{j=1}^{n} x_{k+j}
\end{aligned} \tag{8-1}$$

式中,$t_k = t_{k-1} + \tau$。其中相邻两组数组平均值之差 $\Delta\bar{x}_k(\tau)$ 如式(8-2)所示:

$$\Delta\bar{x}_k(\tau) = \bar{x}_{k+1}(\tau) - \bar{x}_k(\tau) \tag{8-2}$$

④ 计算 Allan 方差:计算 Allan 方差如式(8-3)所示:

$$\begin{aligned}
\sigma^2(\tau) &= \frac{1}{2}\left\langle\left[\bar{x}_{k+1}(\tau) - \bar{x}_k(\tau)\right]^2\right\rangle \\
&\approx \frac{1}{2(N-1)}\sum_{k=1}^{N-1}\left(\bar{x}_{k+1}(\tau) - \bar{x}_k(\tau)\right)^2
\end{aligned} \tag{8-3}$$

式中,$\langle\,\cdot\,\rangle$ 为全体 $\Delta\bar{x}_k(\tau)$ 的平均算子。

⑤ 误差估计:按照式(8-3),可以证明 Allan 方差的相对估计误差如式(8-4)所示:

$$\text{Error}\% = \frac{1}{\sqrt{2\left(\dfrac{N}{n}-1\right)}} \tag{8-4}$$

可以看出,理想情况下当$(N/n) \to \infty$时,相对估计误差为零。

为分析原始惯性数据的数据质量,以高精度光纤罗经为研究对象,课题组于 2015 年 10 月 15~16 日进行长时间数据采集与分析,数据采样率设置为 100 Hz,数据采样总时间为 14 小时,原始数据输出的稳定性、可靠性较高,并未出现数据中断、异常情形。考虑到夜间系统受外界人为因素影响较低,取其中 0:00~4:00 共 4 小时数据进行分析。图 8-4 为该系统采集的 100 Hz 静态数据,由于惯性器件较为敏感,静态采集时易受外界干扰,所以对原始数据进行了粗差预处理。

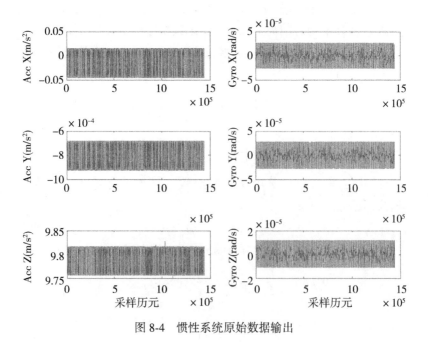

图 8-4　惯性系统原始数据输出

对静态采集的陀螺原始数据进行 Allan 分析,根据 Allan 标准差曲线图,可以有效分离的随机误差参数包括量化噪声、角度随机游走、零偏稳定性、角速率随机游走和漂移角速率随机游走,难以分离出正弦波和指数相关噪声。假设各误差源独立,则 Allan 方差为各种误差的方差之和,Allan 方差如式(8-5)所示:

$$\sigma_{\text{total}}^2(\tau) = \sigma_Q^2(\tau) + \sigma_{\text{ARW}}^2(\tau) + \sigma_{\text{Bias}}^2(\tau) + \sigma_{\text{RRW}}^2(\tau) + \sigma_{\text{RR}}^2(\tau)$$

$$= \frac{3Q^2}{\tau^2} + \frac{B^2}{\tau} + \frac{2\ln2}{\pi}(\delta b)^2 + \frac{K^2\tau}{3} + \frac{R^2\tau^2}{2} \tag{8-5}$$

则 Allan 标准差模型为:

$$\sigma_{\text{total}}(\tau) = \sqrt{\sigma_{\text{total}}^2(\tau)} \approx \sum_{k=-2}^{2} A_k \tau^{k/2} \tag{8-6}$$

可计算出各类误差的参数估计,见表 8-1。

表 8-1   **随机误差参数估计系数**

误差	系数	单位
量化噪声	$\hat{Q} = A_{-2}/\sqrt{3}$	μ rad
角度随机游走	$\hat{B} = A_{-1}$	$(°)/h^{1/2}$
零偏稳定性	$\delta\hat{b} = 1.505A_0$	$(°)/h$
角速率随机游走	$\hat{K} = \sqrt{3}A_1$	$(°)/h^{3/2}$
漂移角速率随机游走	$\hat{R} = \sqrt{2}A_2$	$(°)/h^2$

对陀螺输出的三轴数据进行 Allan 分析,结果分别如图 8-5、图 8-6、图 8-7 所示,根据估算出的 Allan 标准差,基于最小二乘曲线拟合,即可解出系数 A_k。根据表 8-1 误差参数估计系数,表 8-2 为基于最小二乘曲线拟合得到的各种误差参数估值。原始陀螺输出中去除了地球自转的影响,从结果可看出,各轴的输出精度并不统一,Z 轴输出精度较高。

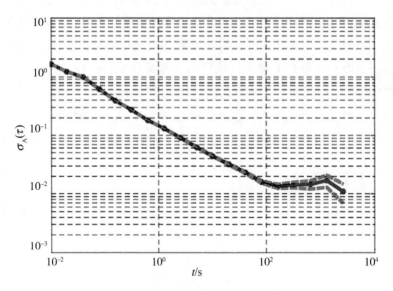

图 8-5　*X* 轴陀螺数据 Allan 方差结果

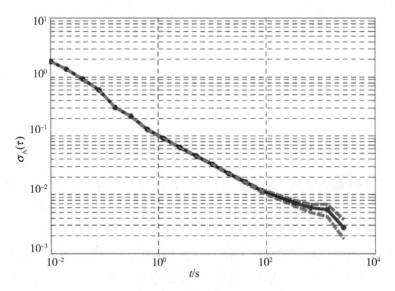

图 8-6　*Y* 轴陀螺数据 Allan 方差结果

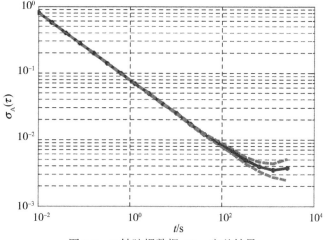

图 8-7　Z 轴陀螺数据 Allan 方差结果

表 8-2　　　　　　　　实测数据的随机误差参数估计系数

误差	光纤罗经		
	X	Y	Z
量化噪声(μ rad)	0.00859	0.00459	0.00062
角度随机游走(°/h^(1/2))	0.00318	0.00322	0.00134
零偏不稳定性(°/h)	0.16216	0.26686	0.03179
角速率随机游走(°/h^(3/2))	0.50221	0.82169	0.09850
速率斜坡(°/h^2)	0.43824	0.71705	0.08582

8.1.3　惯性系统的自对准

　　惯性系统属于一种航位推算系统,在自主定位解算过程之前,需要通过 INS 自对准获取惯性测量单元的初始姿态信息。惯性导航系统进行定位是对观测时间段的数据积分得到位移、速度变化和姿态变化信息,因此,在导航之前需要已知运载体的初始坐标、速度和姿态信息,累加积分数据才可以得到当前时刻的定位信息。相对于位置和速度信息,初始姿态信息获取难度较大,对于高精度惯导系统,一般是通过惯性测量单元的自对准得到。

　　按照不同的分类方式,对准算法可以分成不同类型,对准分为粗对准和精对准两个阶段,这两个阶段在时间上有着明显的先后顺序,精对准需要在粗对准结果的基础上进行。粗对准是粗略计算载体姿态的过程,惯性测量单元观测得到比力和地球自转角速度与地球真正的自转角速度以及当地重力存在的差异,通过这个差异可以解算得到姿态信息。精对准过程是通过外界信息对惯性测量单元解算的位置、速度和姿态信息进行修正,借助卡尔曼滤波等估计算法解算出载体坐标系与导航坐标系两者之间的姿态转换关系。

　　(1) 粗对准

　　粗对准主要是根据惯性测量单元观测得到比力和地球自转角速度与地球真正的自转角速度以及当地重力存在的差异,通过这个差异可以计算得到载体坐标系和导航坐标系初始姿态转换关系。假定惯性测量系统处于静止状态,并且已知其所处位置的纬度信息。导航坐标系采用北东地坐标系,因此重力矢量和地球自转角速度在导航坐标系可以表示为:

$$\boldsymbol{g}^n = \begin{bmatrix} 0 & 0 & -g \end{bmatrix}^{\mathrm{T}} \tag{8-7}$$

$$\boldsymbol{\omega}_{ie}^n = \begin{bmatrix} 0 & \omega_{ie}\cos L & \omega_{ie}\sin L \end{bmatrix}^{\mathrm{T}} \tag{8-8}$$

　　其中,$\omega_{ie} = 0.000072921151467\mathrm{rad/s}$,是地球自转速率,$g$ 是当地重力加速度,L 是纬度值。

　　在已知地球自转角速度 $\boldsymbol{\omega}_{ie}^n$ 和重力矢量 $\boldsymbol{g}^n$ 的条件下,通过惯性测量系统测量获取的角速率观测值 $\boldsymbol{\omega}_{ie}^b$ 和比力观测值 $\boldsymbol{f}^b$ 就可以完成粗对准的步骤,得到载体坐标系的粗略的姿态信息。

　　矩阵中未知元素的个数要大于条件数,因此,需要额外构造新的向量增加条件数才能解算出结果。假定 $\boldsymbol{\xi}$ 是导航坐标系下的已知向量,$\boldsymbol{\beta}$ 是载体坐标系下观测得到的向量信息,也是已知的,可以构造 $\boldsymbol{\chi} = \boldsymbol{\xi} \times \boldsymbol{\beta}$ 为对应的辅助向量,两个坐标系中的向量可以用式(8-9)表示:

$$\begin{bmatrix} \boldsymbol{\xi}^n & \boldsymbol{\beta}^n & \boldsymbol{\chi}^n \end{bmatrix} = C_b^n \begin{bmatrix} \boldsymbol{\xi}^b & \boldsymbol{\beta}^b & \boldsymbol{\chi}^b \end{bmatrix} \tag{8-9}$$

　　如果 $\boldsymbol{\xi}^n$ 为导航坐标系中重力矢量,$\boldsymbol{\beta}^n$ 表示导航系下地球自转角速度,$\boldsymbol{\xi}^b$ 为比力测量值,$\boldsymbol{\beta}^b$ 是惯性测量系统测量的角速度,则方向余弦矩阵 C_n^b 可以通过式(8-10)来计算:

$$\boldsymbol{C}_n^b = (\boldsymbol{C}_b^n)^{-1} = \begin{bmatrix} \boldsymbol{f}^b & \boldsymbol{\omega}_{ie}^b & \boldsymbol{f}^b \times \boldsymbol{\omega}_{ie}^b \end{bmatrix} \begin{bmatrix} \dfrac{1}{g}\tan L & 0 & \dfrac{1}{g} \\[3mm] \dfrac{1}{\omega_{ie}\cos L} & 0 & 0 \\[3mm] 0 & \dfrac{1}{\omega_{ie}g\cos L} & 0 \end{bmatrix}$$

$$(8\text{-}10)$$

需要特别说明的是,粗对准实现的基本条件是加速度计和陀螺仪的观测精度能够正确分辨出地球自转速度和当地重力加速度。高精度惯导系统姿态对准结果如图 8-8 所示,可以看出,由于惯导系统能够高精度地获取加速度和陀螺信号,系统初对准很快收敛,其中俯仰角和横滚角的收敛速度更快,5 s 内基本实现收敛,收敛后姿态角变化在 0.01° 以内,而航向角收敛速度较慢,10 s 左右收敛后的波动在 0.5° 以内。

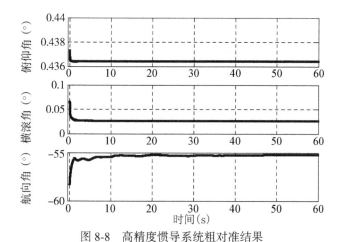

图 8-8　高精度惯导系统粗对准结果

(2)精对准

完成粗对准的工作之后,会得到一个精度较差的姿态信息。如果想要获得更高精度的方向余弦矩阵,则需要通过精对准完成。精对准在对准过程中,需要外界信息的辅助,通过最优估计理论来解算姿态信息,常用的估计方法是卡尔曼滤波。对于高精度惯性测量单元实现自对准过程中,假如惯性设备处于静止状态,此时惯性导航系统在导航坐标系中的速度值为 0,零值速度就可以作为精对准过程中的外界辅助信息。零值速度和经过惯性测量单元机械编排得到的速度之间的差值作为卡尔曼滤波的观测输入值。实际上,精对准就是一个对粗对准的结果不断修正的过程。惯导精对准过程如图 8-9所示。

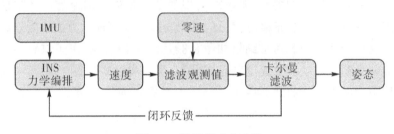

图 8-9　惯导精对准过程

图 8-10 给出了系统精对准的结果,在系统完成初对准后,采用精对准方案,系统对准精度得到进一步提高,俯仰角的变化在 0.001°以内,横滚角的变化在 0.003°以内,而航向角的变化在 0.01°以内。

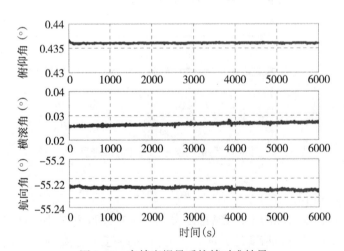

图 8-10　高精度惯导系统精对准结果

经过精对准过程,导航系统获得高精度的初始姿态值。

8.2 加速度计动态变形监测方法

采用加速度计能够直接测量振动结构的加速度,通过对消噪处理后的加速度数据二次积分,获得动态位移。

$$s(t) = s_0 + v_0 t + \int_0^t \left(\int_0^t a(t) \, \mathrm{d}t \right) \mathrm{d}t \tag{8-11}$$

式中,$s(t)$ 为 t 时刻的位移;$a(t)$ 为 t 时刻加速度;s_0,v_0 分别为初始位移和初始速度。由于加速度计不能测量静态位移和似静态振动,位移和速度初值只能通过其他方法确定。加速度数据存在零偏误差、尺度误差以及随机误差,累计误差会使位移偏离真值。根据加速度与位移之间的关系,可得到在 k 时刻有

$$\tilde{a}_k = \frac{s_{k+1} - 2s_k + s_{k-1}}{(\Delta t)^2} \quad (k = 1, 2, \cdots, n) \tag{8-12}$$

式中,$\tilde{a}$ 为计算加速度;Δt 为采样间隔。

在整个时间窗口范围内,式(8-12)可表示为:

$$AX = L + \Delta \tag{8-13}$$

式中:

$$A = \frac{1}{(\Delta t)^2} \begin{bmatrix} 1 & -2 & 1 & & & \\ & & \ddots & & & \\ & & & \ddots & & \\ & & & & \ddots & \\ & & & 1 & -2 & 1 \end{bmatrix}_{n \times (n+2)},$$

$$X = \begin{bmatrix} s_0 \\ s_1 \\ \vdots \\ s_n \\ s_{n+1} \end{bmatrix}, L = \begin{bmatrix} a_1 \\ a_2 \\ \vdots \\ a_n \end{bmatrix}, \Delta \text{ 为加速度观测噪声向量。}$$

可得误差方程:

$$V = A\tilde{X} - L \tag{8-14}$$

式中,V 为残差向量;$\widetilde{X}$ 为位移估值向量。

相应方程转化为最小二乘问题

$$\min_{\widetilde{X}}\Pi(\widetilde{X}) = \parallel A\widetilde{X} - L \parallel^2 \tag{8-15}$$

观察式(8-15)可知,未知参数个数为 $n+2$,而观测值个数为 n,方程秩亏。根据 Tikhonov 正则化原理,相应的估计准则为:

$$\min_{\widetilde{X}}\Pi(\widetilde{X}) = \parallel A\widetilde{X} - L \parallel^2 + \lambda^2 \parallel \widetilde{X} - X^* \parallel^2 \tag{8-16}$$

式中,X^* 为静态位移向量,设为 $\mathbf{0}$ 向量;λ 为正则化因子,经过 Tikhonov 正则化处理,相当于增加了先验约束信息,使得方程有解

$$\widetilde{X} = (A^{\mathrm{T}}A + \lambda^2 I)^{-1}A^{\mathrm{T}}L \tag{8-17}$$

式中,I 为单位阵。

在变形监测中,加速度计能实时连续地获取监测点的加速度测量值,进而估计结构体的形变。选择一个合适长度的时间窗口将有利于准确、快速地重构位移,进而进行可靠的变形分析。过短的时间窗影响重构位移的精度,反之则对计算效率有较大的影响。在加速度计变形监测中,选择 2 倍最长振动周期作为窗口长度可保证重构位移的精度。为了避免边界条件不准确对结果的影响,仅取当前时间窗口中间位置处的位移作为该时刻的位移,窗口向前递推一个采样间隔获取下一时刻的位移,在保证精度的前提下可近实时获取变形信息。

在上述模型式(8-17)中正则化因子 λ 是重要的待估参数,目前确定正则化参数的方法有多种,主要包括广义交叉核实法(GCV)和 L 曲线法,其中 L 曲线法易于实现、实用性较好。为了避免数值不稳定对参数估计的影响,根据先验变形信息设定拒绝域,摒弃过大或过小的估计参数,对接受的估计参数逐步平滑,达到一定次数后确定为最终的正则化参数。

8.3　GNSS/INS 集成动态变形监测方法

在井筒动态变形监测中,结构在外部载荷作用下(如风载荷、地震影响)会引起动态位移变化,同时也可能会引起扭曲变形。GNSS/

INS 组合定位系统可用于高精度的动态变形监测,一方面可提高系统动态变形监测精度和输出速率,另一方面也可以监测结构的扭曲变化。

8.3.1 惯性导航系统力学编排

惯性导航系统的基本工作原理是以牛顿力学为基础,当载体相对惯性空间以加速度运动时,可以用载体中的加速度计测出作用在单位质量上惯性力和引力的矢量和的大小,即比力的大小。通过载体上加速度计测出比力后,在载体内部不必依赖外界信息而只是通过惯性元件即可测得载体相对惯性坐标系的加速度。当知道了载体的初始位置和初始速度后,只要对该加速度进行两次积分便可以分别先后获取该载体定位所需要的速度和位置信息。

对于地球附近的导航定位应用而言,通常可选择当地坐标系(北东地-NED)作为捷联导航系统的参考坐标系。在北东地坐标系下需要分别进行姿态、速度与位置更新,本章仅简单给出惯导系统的力学编排方程。

1. 姿态更新

姿态更新的微分方程可表示为:

$$\dot{\boldsymbol{C}}_b^n = \boldsymbol{C}_b^n (\boldsymbol{\omega}_{nb}^b \times) \tag{8-18}$$

其中,$\boldsymbol{\omega}_{nb}^b \times$ 为导航坐标系相对载体坐标系旋转角速率的反对称矩阵,矩阵 $\boldsymbol{C}_b^n$ 表示载体系(b 系)相对于 n 系的姿态阵,由于陀螺输出的是 b 系相对于惯性系(i 系)的角速度 $\boldsymbol{\omega}_{ib}^b$,而角速度信息 $\boldsymbol{\omega}_{nb}^b$ 不能直接测量获得,需对微分方程(8-18)作如下变换:

$$\dot{\boldsymbol{C}}_b^n = \boldsymbol{C}_b^n (\boldsymbol{\omega}_{nb}^b \times) = \boldsymbol{C}_b^n \left[(\boldsymbol{\omega}_{ib}^b - \boldsymbol{\omega}_{in}^b) \times \right] = \boldsymbol{C}_b^n (\boldsymbol{\omega}_{ib}^b \times) - (\boldsymbol{\omega}_{in}^n \times) \boldsymbol{C}_b^n \tag{8-19}$$

其中,$\boldsymbol{\omega}_{in}^n$ 表示导航系相对于惯性系的旋转,它包含两部分:地球自转引起的导航系旋转,以及系统在地球表面附近移动因地球表面弯曲引起的导航系旋转,即有 $\boldsymbol{\omega}_{in}^n = \boldsymbol{\omega}_{ie}^n + \boldsymbol{\omega}_{en}^n$。

对捷联惯导系统,加速度计是沿载体坐标系安装,它只能测量沿载体坐标系的比力分量,因此需要将比力分量进行转换。通常将载体坐标系到导航坐标系的转换的方向余弦矩阵称为捷联矩阵,在此用符号 $\boldsymbol{C}_b^n$ 表示。

2. 速度更新

对于地球上工作在当地地理坐标系中的导航系统,导航方程可表示成如下形式:

$$\dot{\boldsymbol{v}}_e^n = \boldsymbol{f}^n - (2\boldsymbol{\omega}_{ie}^n + \boldsymbol{\omega}_{en}^n) \cdot \boldsymbol{v}_e^n + \boldsymbol{g}_1^n \tag{8-20}$$

式中,$\boldsymbol{v}_e^n$ 表示运载体相对于地球的速度在当地地理坐标系中的值,坐标轴的方向分别沿真北、东向和当地垂线方向,其分量形式为:

$$\boldsymbol{v}_e^n = \begin{bmatrix} v_N & v_E & v_D \end{bmatrix}^{\mathrm{T}} \tag{8-21}$$

$\boldsymbol{f}^n$ 是由一组 3 个加速度计测量的比力矢量,分解到当地地理参考坐标系中为:

$$\boldsymbol{f}^n = \begin{bmatrix} f_N & f_E & f_D \end{bmatrix}^{\mathrm{T}} \tag{8-22}$$

$\boldsymbol{\omega}_{ie}^n$ 是当地地理坐标系中地球的自转角速度:

$$\boldsymbol{\omega}_{ie}^n = \begin{bmatrix} \Omega\cos L & 0 & -\Omega\sin L \end{bmatrix}^{\mathrm{T}} \tag{8-23}$$

式中,Ω 为地球速率。

$\boldsymbol{\omega}_{ne}^n$ 表示当地地理坐标系相对于地球固连坐标系的转动角速度,即转移速率,其值可以用经度 λ 和纬度 L 的变化率表示如下:

$$\boldsymbol{\omega}_{en}^n = \begin{bmatrix} \dot{\lambda}\cos L & -\dot{L} & -\dot{\lambda}\sin L \end{bmatrix}^{\mathrm{T}} \tag{8-24}$$

使 $\dot{\lambda} = v_E/(R_0+h)\cos L$,$\dot{L} = v_N/(R_0+h)$,得

$$\boldsymbol{\omega}_{en}^n = \begin{bmatrix} \dfrac{v_E}{R_0+h} & \dfrac{-v_N}{R_0+h} & \dfrac{-v_E\tan L}{R_0+h} \end{bmatrix} \tag{8-25}$$

式中,R_0 为地球半径,h 为距地球表面的高度。

$\boldsymbol{g}_1^n$ 是当地重力矢量,它由地球的质量引力($\boldsymbol{g}$)和地球转动产生的向心加速度($\boldsymbol{\omega}_{ie} \cdot \boldsymbol{\omega}_{ie} \cdot \boldsymbol{R}$)组成。因此,可以写成

$$\boldsymbol{g}_1^n = \boldsymbol{g} - \boldsymbol{\omega}_{ie} \cdot \boldsymbol{\omega}_{ie} \cdot \boldsymbol{R} = \boldsymbol{g} - \frac{\Omega^2(R_0+h)}{2}\begin{pmatrix} \sin 2L \\ 0 \\ 1+\cos 2L \end{pmatrix} \tag{8-26}$$

3. 位置更新

纬度、经度和距地球表面的高度由下列公式给出:

$$\dot{L} = \frac{v_N}{R_0 + h} \tag{8-27}$$

$$\dot{\lambda} = \frac{v_E \sec L}{R_0 + h} \tag{8-28}$$

$$\dot{h} = -v_D \tag{8-29}$$

在以上的方程中,假设地球是一个理想的球体。此外,假设地球重力场不随导航坐标系统在地球上所处位置或它距地面的高度变化而变化。

8.3.2　组合定位系统误差模型

1.组合系统状态方程

在考虑建立惯性导航系统的模型时,采用的状态参数是参照坐标系的分类来选取的。取状态参数为 24 维,包括 9 个导航解误差(位置误差、速度误差、姿态误差)、6 个加速度误差模型参数(偏心、尺度因子)、3 个陀螺漂移、3 个重力误差、3 个天线误差。详细信息如式(8-30):

$$
\left.
\begin{aligned}
\boldsymbol{x}_{\mathrm{Nav}} &= \left[\, {}^{\delta}r_N, \delta r_E, \delta r_D, \delta v_N, \delta v_E, \delta v_D, \delta\psi_N, \delta\psi_E, \delta\psi_D \,\right]^{\mathrm{T}} \\
\boldsymbol{x}_{\mathrm{Acc}} &= \left[\, \nabla_{bx}, \nabla_{by}, \nabla_{bz}, \nabla_{fx}, \nabla_{fy}, \nabla_{fz} \,\right]^{\mathrm{T}} \\
\boldsymbol{x}_{\mathrm{Gyro}} &= \left[\, \varepsilon_{bx}, \varepsilon_{by}, \varepsilon_{bz} \,\right]^{\mathrm{T}} \\
\boldsymbol{x}_{\mathrm{Grav}} &= \left[\, \delta g_N, \delta g_E, \delta g_D \,\right]^{\mathrm{T}} \\
\boldsymbol{x}_{\mathrm{Ant}} &= \left[\, \delta L_{bx}, \delta L_{by}, \delta L_{bz} \,\right]
\end{aligned}
\right\} \tag{8-30}
$$

状态矩阵表达式:

$$
\begin{bmatrix}
\dot{\boldsymbol{x}}_{\mathrm{Nav}} \\
\dot{\boldsymbol{x}}_{\mathrm{Acc}} \\
\dot{\boldsymbol{x}}_{\mathrm{Gyro}} \\
\dot{\boldsymbol{x}}_{\mathrm{Grav}} \\
\dot{\boldsymbol{x}}_{\mathrm{Ant}}
\end{bmatrix}
=
\begin{bmatrix}
\boldsymbol{F}_{11}(9{\times}9) & \boldsymbol{F}_{12}(9{\times}6) & \boldsymbol{F}_{13}(9{\times}3) & \boldsymbol{F}_{14}(9{\times}3) & 0 \\
 & \boldsymbol{F}_{22}(6{\times}6) & & & 0 \\
 & & \boldsymbol{F}_{33}(3{\times}3) & & 0 \\
 & & & \boldsymbol{F}_{44}(3{\times}3) & 0 \\
 & & & & 0
\end{bmatrix}
\begin{bmatrix}
\boldsymbol{x}_{\mathrm{Nav}} \\
\boldsymbol{x}_{\mathrm{Acc}} \\
\boldsymbol{x}_{\mathrm{Gyro}} \\
\boldsymbol{x}_{\mathrm{Grav}} \\
\boldsymbol{x}_{\mathrm{Ant}}
\end{bmatrix}
+
\begin{bmatrix}
\boldsymbol{w}_{\mathrm{Nav}} \\
\boldsymbol{w}_{\mathrm{Acc}} \\
\boldsymbol{w}_{\mathrm{Gyro}} \\
\boldsymbol{w}_{\mathrm{Grav}} \\
0
\end{bmatrix}
$$

$$\tag{8-31}$$

式中的矩阵展开如下：

$$F_{11} = \begin{bmatrix} 0 & -\dot\lambda sL & \dot L & 1 & 0 & 0 & 0 & 0 & 0 \\ \dot\lambda sL & 0 & \dot\lambda cL & 0 & 1 & 0 & 0 & 0 & 0 \\ -\dot L & -\dot\lambda cL & 0 & 0 & 0 & 1 & 0 & 0 & 0 \\ -\dfrac{g}{R_e} & 0 & 0 & 0 & -(2\Omega+\dot\lambda)sL & \dot L & 0 & -f_D & f_E \\ 0 & -\dfrac{g}{R_e} & 0 & (2\Omega+\dot\lambda)sL & 0 & (2\Omega+\dot\lambda)cL & f_D & 0 & -f_N \\ 0 & 0 & \dfrac{2g}{R_e} & -\dot L & -(2\Omega+\dot\lambda)cL & 0 & -f_E & f_N & 0 \\ 0 & 0 & 0 & 0 & 0 & 0 & 0 & -(\Omega+\dot\lambda)sL & \dot L \\ 0 & 0 & 0 & 0 & 0 & 0 & (\Omega+\dot\lambda)sL & 0 & (\Omega+\dot\lambda)cL \\ 0 & 0 & 0 & 0 & 0 & 0 & -\dot L & -(\Omega+\dot\lambda)cL & 0 \end{bmatrix}$$

（8-32）

式中，

$$sL = \sin(L),\ cL = \cos(L)\,;$$

其中，λ, L 为当地的经纬度；g 为重力加速度；R_e 为地球半径；Ω 为地球速率；$(f_N \quad f_E \quad f_D)$ 为导航坐标系下的加速度。

$$F_{12} = \begin{bmatrix} 0(3\times3) & 0(3\times3) \\ C_b^n & C_b^n \begin{bmatrix} f_x & 0 & 0 \\ 0 & f_y & 0 \\ 0 & 0 & f_z \end{bmatrix} \\ 0(3\times3) & 0(3\times3) \end{bmatrix}$$

（8-33）

$$F_{13} = \begin{bmatrix} 0(3\times3) \\ 0(3\times3) \\ -C_b^n \end{bmatrix}$$

（8-34）

式中，C_b^n 是从载体坐标系到导航坐标系的转移矩阵；$(f_x \quad f_y \quad f_z)$ 是载体坐标系的加速度。

$$\boldsymbol{F}_{14} = \begin{bmatrix} 0(3\times3) \\ I(3\times3) \\ 0(3\times3) \end{bmatrix} \tag{8-35}$$

$$\boldsymbol{F}_{22} = \mathrm{diag}\begin{bmatrix} 0 & 0 & 0 & 0 & 0 & 0 \end{bmatrix} \tag{8-36}$$

$$\boldsymbol{F}_{33} = \mathrm{diag}\begin{bmatrix} 0 & 0 & 0 \end{bmatrix} \tag{8-37}$$

$$\boldsymbol{F}_{44} = \mathrm{diag}\begin{bmatrix} -\tau_{gN} & -\tau_{gE} & -\tau_{gD} \end{bmatrix} \tag{8-38}$$

式中，$(-\tau_{gN} \quad -\tau_{gE} \quad -\tau_{gD})$ 是重力模型 Gauss-Markov 过程的时间常数。

对于上述统计模型，所有在位置、速度、姿态、传感器状态误差的过程噪声 $\begin{bmatrix} \boldsymbol{w}_{\mathrm{Nav}}^{\mathrm{T}} & \boldsymbol{w}_{\mathrm{Acc}}^{\mathrm{T}} & \boldsymbol{w}_{\mathrm{Gyro}}^{\mathrm{T}} \end{bmatrix}$ 都是期望为 0 的高斯白噪声。

2.组合系统观测方程

依据组合方式不同可以将 GNSS/INS 组合系统分为松组合、紧组合与深组合。松组合是一种卫星辅助修正惯性误差的组合模式，观测值为 GNSS 测量得到的位置及速度与 INS 预测信息之差，将差值信息输入到一个卡尔曼滤波器，松组合是研究得最多的一种组合方式。其优点是组合的模式简单、便于工程实现，且导航具有一定的冗余度，通过误差补偿能大幅度提高导航定位精度、抑制姿态发散。缺点是在组合滤波过程中会出现测量误差与时间相关，另外松组合只有在可观测卫星不少于 4 颗时才能进行组合滤波。

紧组合是一种卫星/惯性相互辅助的组合模式。其基本模式为伪距、伪距率以及载波相位观测值的组合，具有较高的组合导航精度、动态性和抗差性。在深山峡谷、城市峡谷、露天矿等卫星信号半遮蔽条件下优势明显。

深组合是一种将卫星跟踪信号与组合导航系统连接在一个滤波器中，以提高跟踪卫星信号的能力，属于硬件层面的组合模式。可提高 GNSS 跟踪信号的信噪比，降低多路径效应的影响，实现信号遮挡或中断后快速捕获，但也存在结构复杂等缺点，尚在研发阶段未大规模推广。

8.4　兖州某矿主井监测实验

8.4.1　动态变形监测实验环境

　　为了有效监测井筒的动态变形规律,课题组于 2016 年 6 月 16 日在兖州某矿主井进行动态变形监测实验。实验仪器包含了高精度惯导(HZ325,陀螺零偏稳定性 0.05°/h,加表零偏稳定性 50ug),采样频率为 50 Hz。移动站接收机与惯导安装在同一装置上,采样频率设为 1 Hz,参考站接收机安置在矿区广场,实验中仅处理 GPS+BDS 双频融合观测数据,高度截止角设为 15°。系统在监测过程中受到罐笼提升的影响会发生周期性的振动影响,连续动态监测时间超过 2 小时,如图 8-11 所示。

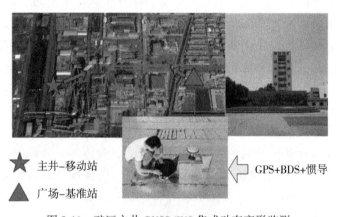

　　★　主井–移动站

　　▲　广场–基准站

　　⇦　GPS+BDS+惯导

图 8-11　矿区主井 GNSS/INS 集成动态变形监测

8.4.2　GPS/BDS 集成变形监测数据分析

　　在实验时段内,系统观测条件良好,GPS 与 BDS 的组合系统大部分历元时刻可观测卫星数达到 19 颗,从而保证了系统的定位精度和定位可靠性。图 8-12 和图 8-13 分别给出了 GPS/BDS 组合系统

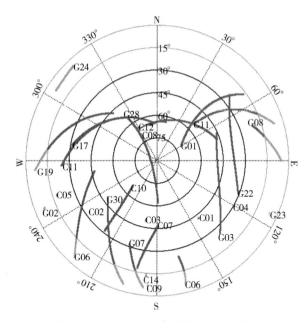

图 8-12 GPS/BDS 组合系统卫星空间分布

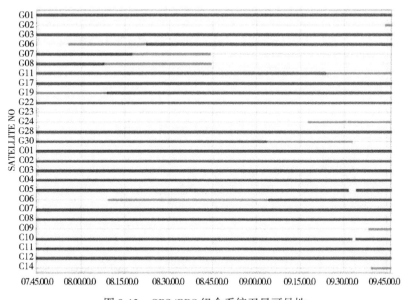

图 8-13 GPS/BDS 组合系统卫星可见性

在观测时段内的卫星天空分布与可见卫星数,从图中可以看出,通过系统融合可以显著地增加可见卫星数,从而提高系统的定位性能。

对 GPS/BDS 组合系统进行动态定位后处理,采用 LAMBDA 法进行模糊度的实时固定,检验阈值取为 3.0。由于观测条件较好,超过两小时的动态观测数据模糊度固定成功率达到 99.9%。为了便于数据分析,取其中 1000 个历元的定位结果进行分析,图 8-14 为 GPS/BDS 解算得到主井的平面内变形结果。从图中看出,在仅受到振动影响时,主井的变形幅度较小,大部分历元时刻在 1 cm 以内。由于 GNSS 的采样率仅为 1 Hz,从 GNSS 动态变形时间序列中难以提取到高频动态变形,从频谱分析结果中可以看出,如图 8-15 所示,北方向的动态变形时间序列检测到 0.157 Hz 的动态变化,另外包含了低频特性的位移,也可能包含移动多径影响。

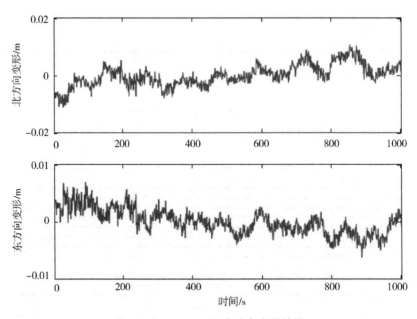

图 8-14　GPS/BDS 组合动态变形结果

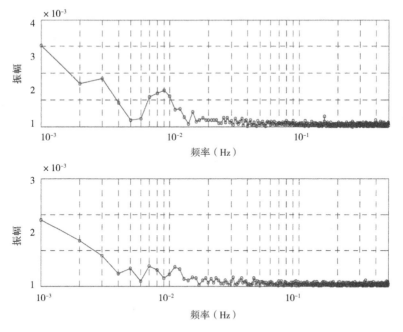

图 8-15 GPS/BDS 组合动态变形频谱分析结果

8.4.3 加速度计动态变形监测数据分析

加速度计的原始输出如图 8-16 所示,采用位移重构算法,可以得到加速度计重构位移如图 8-17 所示,加速度重构位移基本在 5 mm 以内,主要是高频动态位移,对于低频的位移难以有效监测。图 8-18 给出了加速度原始信号的频谱分析结果,从中可以提取到的高频振动,北方向的加速度信号的高频振动包含了 0.454 Hz,0.575 Hz,1.343 Hz,12.450 Hz,12.830 Hz,13.410 Hz,18.040 Hz,19.380 Hz,20.700 Hz,22.780 Hz,东方向的加速度信号包含的高频振动有 0.445 Hz,0.575 Hz,12.360 Hz,12.830 Hz,13.410 Hz,18.030 Hz,19.380 Hz,20.700 Hz,22.790 Hz。

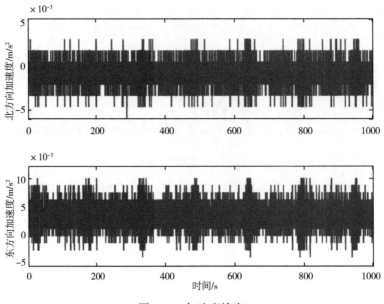

图 8-16　加速度输出

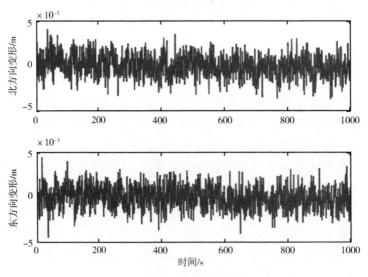

图 8-17　加速度重构位移

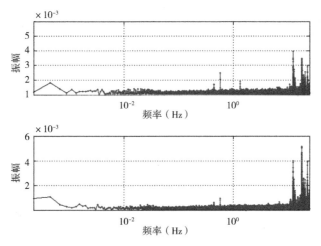

图 8-18　加速度频谱分析结果

8.4.4　GPS/BDS/INS 集成变形监测数据分析

图 8-19 给出了 GPS/BDS/INS 组合系统输出的位移变化结果，

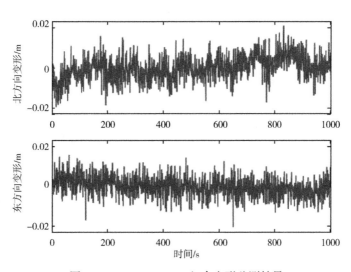

图 8-19　GPS/BDS/INS 组合变形监测结果

可以看出,组合系统输出了低频振动位移以及高频振动位移,并且其输出速率要高于 GPS/BDS 组合系统。采用组合系统监测方案可以有效地监测到结构的动态变化。图 8-20 中给出了组合系统输出的相应结构水平角变化,动态变化的幅度在 0.05° 左右,同时可以提取到 12.46 Hz 振动。

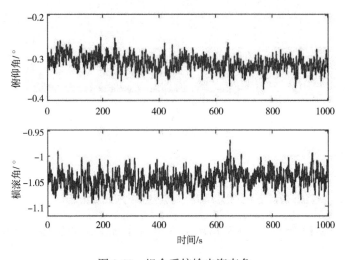

图 8-20　组合系统输出姿态角

8.5　本章小结

本章研究了 GNSS/INS 集成动态变形监测方法,针对加速度计监测数据及组合数据进行变形分析,提取变形振动频率。以兖州某矿主井的监测实验为例,验证了基于 GNSS/INS 集成的动态变形监测方法的可行性,成功识别出了结构振动的动态位移和频率。

第9章　井筒变形预报模型研究

井筒安全监测是基础,分析是手段,预报是目的。井筒变形预报可为井筒治理和井筒潜在安全分析提供依据。主要的预报方法分为数学统计预报和力学模型预报两大类。本章主要对数学统计预报模型中的灰色预报模型、GA-BP 预报模型和 LS-SVM 预报模型进行研究,采用井筒变形实测数据进行模型验证。

9.1　基于灰色理论的井筒变形预报

灰色理论把一切随机过程都看做是在一定范围内变化的、与时间有关的灰色过程,对灰色量不是从寻找统计规律的角度,通过大样本进行研究,而是用数据生成的办法,将杂乱无章的原始数据整理成规律性较强的序列后再作研究。

该理论研究的是信息不完全的对象,内涵不确定的概念,关系不明确的机制。故其研究对象是极其广泛的,其范围是不断扩展的。其具体对象包括工程技术系统、农业系统、生态系统、经济系统、社会系统等。除了工程技术系统以外,其余系统均称为本征性灰色系统,因为这类系统没有物理原型,人们只能根据某种观念、概念、逻辑推理去建立系统。这种系统充其量是原系统的"同构"、"代表"。灰色系统理论就是研究本征性灰色系统的量化问题,进行系统的建模、预报、分析、决策和控制。

常用的灰色预报模型有 GM(1,1) 和 GM(1,N) 模型,其中,GM(1,N) 模型适合于建立系统的状态模型,为高阶系统提供基础,不适合预报用。预报模型应选用单个变量的模型,即预报量本身数据模型(GM(1,1)模型)。

9.1.1　预报模型

1. GM(1,1)预报模型

GM(1,1)模型通过使用某点前 t 时刻的观测值,完成 $t+1$ 状态量的预报工作。GM(1,1)算法的完成步骤如下:

(1)考虑等时空距数据变量

$$X^{(0)} = (x^{(0)}(1), x^{(0)}(2), x^{(0)}(3), \cdots, x^{(0)}(n)) \quad (9\text{-}1)$$

(2)作累加生成

$$x^{(1)}(k) = \sum_{j=1}^{k} x^{(0)}(j), \quad k = (1,2,3,\cdots,n) \quad (9\text{-}2)$$

则有

$$X^{(1)} = (x^{(1)}(1), x^{(1)}(2), x^{(1)}(3), \cdots, x^{(1)}(n)) \quad (9\text{-}3)$$

(3)模型建立

$X^{(1)}$ 的白化形式为:

$$\frac{\mathrm{d}X^{(1)}}{\mathrm{d}t} + \alpha X^{(1)} = \mu \quad (9\text{-}4)$$

其中, α 称为发展系数, μ 称为灰作用量。

用原始数据序列 $x^{(0)}(k)$ 近似代替微分方程中的 $\mathrm{d}X^{(1)}/\mathrm{d}t$ 有:

$$\frac{\mathrm{d}X^{(1)}}{\mathrm{d}t} = x^{(0)}(k) \quad (9\text{-}5)$$

将 $X(1)$ 取为均值,生成序列 $Z^{(1)}(k)$

$$Z^{(1)}(k) = \frac{1}{2}[x^{(1)}(k) + x^{(1)}(k-1)] \quad k = (2,3,\cdots,n) \quad (9\text{-}6)$$

将式(9-5),式(9-6)代入式(9-4),可得:

$$X^{(0)}(k) + \alpha Z^{(1)}(k) = \mu \quad (9\text{-}7)$$

(4)模型求解

对应 n 个时间序列,式(9-7)可组成方程组:

$$Y = B\dot{\alpha} \quad (9\text{-}8)$$

其中,

$$Y^{\mathrm{T}} = [x^{(0)}(2) \quad x^{(0)}(3) \quad \cdots \quad x^{(0)}(n)]$$

$$B^{\mathrm{T}} = \begin{bmatrix} -Z^{(1)}(2) & Z^{(1)}(3) & \cdots & Z^{(1)}(n) \\ 1 & 1 & \cdots & 1 \end{bmatrix}$$

参数列: $\hat{\boldsymbol{\alpha}}^{\mathrm{T}} = [\alpha, \mu]$

对式(9-8)用最小二乘法求解 $\hat{\boldsymbol{\alpha}}$:

$$\hat{\boldsymbol{\alpha}} = \begin{bmatrix} \alpha \\ \mu \end{bmatrix} = (\boldsymbol{B}^{\mathrm{T}} - \boldsymbol{B})^{-1} \boldsymbol{B}^{\mathrm{T}} \boldsymbol{Y} \tag{9-9}$$

求解微分方程式(9-7),得

$$\hat{x}^{(1)}(k+1) = (x^{(0)}(1) - \mu/\alpha) \mathrm{e}^{-\alpha k} + \mu/\alpha \tag{9-10}$$

原始数据的拟合值为:

$$\hat{x}^{(0)}(k) = (\hat{x}^{(1)}(k) - \hat{x}^{(1)}(k-1)) \tag{9-11}$$

2.自适应 GM(1,1)预报模型

由于灰色预报值由原点(现在时刻)向未来时刻的预报误差呈发散趋势,未来时刻越远,预报误差越大。因此,经典 GM(1,1)模型真正具有实际意义、精度较高的预报值仅仅是最近的一两个数据,更远的数据只能反映一种趋势。为了充分利用已知信息提高预报精度,用已知数列建立的 GM(1,1)模型预报一个值,然后,补充一个新的信息数据到已知数列中,同时去掉一个最老的数据,使数据等维,接着再建立 GM(1,1)模型,这样逐个滚动预报,依次递补,直到完成预报目标。基于这种思想建立的灰色模型可称为自适应 GM(1,1)模型。

设原始数列为: $\{x^0_{(i)} \mid i = 1, 2, \cdots, n\}$,目标值: $i = n + t$,则将 $x^0_{(n+1)}$ 补充到 x^0 中,去掉 x^0_1 构成新数列: $\{x^0_{(i)} \mid i = 2, 3, \cdots, n+1\}$,利用这一新数列建立 GM(1,1)模型,重复上一步骤直到满足: $\{x^0_{(i)} \mid i = t, t+1, \cdots, n+t\}$。

为减少原始数据列随机误差和人为误差影响,可先将原始数据进行预处理,处理方法有插值、函数逼近、扩大或缩小法、滑动平均、中值逼近等,然后用处理后的数据按此模型实现预报。

3.模型适用条件

(1)预报的"环境"必须与建模"环境"相似

与其他预报方法一样,灰色预报模型的应用也是有条件的,即用它来预报的"环境"必须与建模的"环境"相似。这是因为模型只是反映了过去或当前环境中个别因素对系统的影响,而无法也不可能

反映出未来某时刻出现的重大因素对系统的干扰。因此,只有未来的"环境"与建模的"环境"相似时,才能对未来进行预报,如果未来"环境"与建模"环境"可能有较大改变,则不能进行预报。

(2)用于建模的原始数据不能太少

由于客观条件的限制,用于建模的数据总是有限的。这些数据对于一个时间全过程或事物总体来说,只是一个片断的记录。因此,实际工作中,建模或模型只能是对已有数据的逼近,不可能对事物的全部过程给出完整的描述。而按照系统论的观点,系统的某一局部的性质、功能与整体有质的差异,故数据越少,局部的行为与总体行为偏差越大,模型的精度就越低。

(3)预报超前期不宜过长

随着时间的推移,未来的一些干扰因素将不断地进入系统造成影响,而且时间越长,可能出现的干扰因素就越多,未来的"环境"与建模的"环境"差异就越大。

9.1.2　预报精度检验模型

对模型精度的检验方法通常有残差大小检验、关联度检验和后验差检验三种。残差大小检验是对模型值和实际值的误差进行逐点检验;关联度检验是考察模型值与建模序列曲线的相似程度;后验差检验是对残差分布的统计特性进行检验,它由后验差比值 C 和小误差概率 P 共同描述。灰色模型的精度通常用后验差方法检验。

设原始数据 $\bar{x}^{(0)}$ 及方差 s_1^2 分别为:

$$\bar{x}^{(0)} = \frac{1}{n} \sum_{k=1}^{n} x_{(k)}^{(0)} \tag{9-12}$$

$$s_1^2 = \frac{1}{n-1} \sum_{k=1}^{n} \left(x_{(k)}^{(0)} - \bar{x}^{(0)} \right)^2 \tag{9-13}$$

则有 k 时刻残差为:

$$\varepsilon_{(k)}^{(0)} = x_{(k)}^{(0)} - \hat{x}_{(k)}^{(0)} \tag{9-14}$$

同时有残差均值:

$$\bar{\varepsilon} = \frac{1}{n} \sum_{k=1}^{n} \varepsilon_{(k)}^{(0)} \tag{9-15}$$

$$s_2^2 = \frac{1}{n-1} \sum_{k=1}^{n} \left(\varepsilon_{(k)}^{(0)} - \bar{\varepsilon}^{(0)} \right)^2 \qquad (9\text{-}16)$$

方差比：

$$C = \frac{S_2}{S_1} \qquad (9\text{-}17)$$

小误差概率 p 为：

$$p = p\left(\mid \varepsilon_{(k)}^{(0)} - \bar{\varepsilon}^{(0)} \mid < 0.6745 S_1 \right) \qquad (9\text{-}18)$$

按上述两项参数，精度检验指标见表 9-1。

表 9-1 　　　　　　　　　　**精度检验指标**

预报精度等级	p	C
1 级(好)	$0.95 \leqslant p$	$C \leqslant 0.35$
2 级(合格)	$0.80 \leqslant p < 0.95$	$0.35 < C < 0.5$
3 级(勉强)	$0.70 \leqslant p < 0.80$	$0.5 < C < 0.65$
4 级(不合格)	$p < 0.70$	$0.65 < C$

9.1.3　试验结果及分析

1.GM(1,1) 预报实验

对某矿井筒周围布设的 11 号、15 号沉降控制点从 2000 年 4 月 28 日到 6 月 24 日共 5 期等时间间距的累计沉降量进行处理。采用前四期观测成果构造灰色预报模型，并评定模型精度。而采用第五期观测的累计沉降量进行检核。各点累计沉降量统计见表 9-2。

表 9-2 　　　　　　　　　　**累计沉降量统计表**

期数	第 5 期	第 6 期	第 7 期	第 8 期	第 9 期
点号	沉降量(mm)	沉降量(mm)	沉降量(mm)	沉降量(mm)	沉降量(mm)
11	0.81	1.7	1.99	2.55	3.02
15	0.08	0.73	0.89	1.85	2.82

　　根据建模原理,对所选数据进行计算,建立 11 号、15 号点累计沉降量的 GM(1,1)预报模型为:

11 号点:

$$\hat{x}^{(1)}(k+1) = 7.15947\mathrm{e}^{0.20808k} - 6.34947$$

15 号点:

$$\hat{x}^{(1)}(k+1) = 0.806607\mathrm{e}^{0.53345k} - 0.72661$$

　　图 9-1 为采用此模型预报累计沉降量与实测值。由图可直观地看出预报结果是比较准确的。

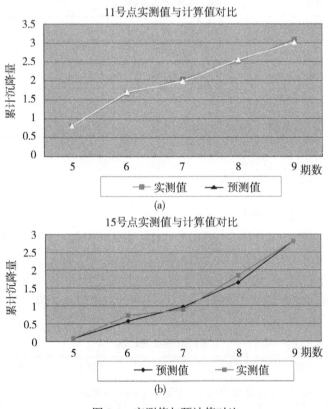

图 9-1　实测值与预计值对比

　　预报的第五期变形累计沉降量列于表 9-3 中。

表9-3 预报成果统计

时间 点号	第5期	第6期	第7期	第8期	第9期	第9期 预计值	检核点 相对偏差
11	0.81	1.70	1.99	2.55	3.02	3.09	2.3%
15	0.08	0.73	0.89	1.85	2.82	2.82	0.0%

表9-4给出了模型评定指标。

表9-4 各项评定指标

点号	残差均值	S_1	S_2	$C = S_2/S_1$	$0.6745S_1$	p
11	−0.008	0.726	0.043	0.059	0.490	1.0
15	−0.070	0.731	0.131	0.180	0.493	1.0

由表可知:$p>0.95$;$C≤0.35$,精度等级为1级(好),此模型可用来预报地表累计沉降量。

2.自适应GM(1,1)预报实验

为客观反映井塔的沉降趋势,在区域周围共布设23个变形监测点,通过二等精密水准联测到测区稳定的水准基点。现已观测28期水准数据,历时三年。对11号控制点从2000年4月28日到7月6日共6期的累计沉降量进行处理,采用四维的数据序列构造灰色预报模型。

对原始累计沉降量采用三次样条函数插值得到等间距的6期累计沉降量,详见表9-5。

表9-5 预处理后累计沉降量

期数	第5期	第6期	第7期	第8期	第9期	第10期
累计沉降量	(mm)	(mm)	(mm)	(mm)	(mm)	(mm)
11	0.81	1.7	1.99	2.55	3.02	3..90

根据建模原理,分别采用 GM(1,1)模型与自适应 GM(1,1)模型对前 4 期数据处理预报第 5、第 6 期,两种模型的预报效果如图 9-2 所示,预报精度比较见表9-6。

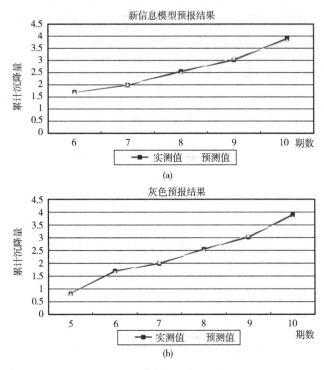

图 9-2　模型预测值与实测值对比图

表 9-6　**GM(1,1)模型与 GM(1,1)自适应模型及预报精度比较**

预报期数	GM(1,1)模型			自适应 GM(1,1)		
	预报模型	预报值	相对误差	预报模型	预报值	相对误差
第 5 期	$-6.3495+7.1595e^{(0.20808(t-1))}$	3.091	2.3%			
第 6 期	$-6.3495+7.1595e^{(0.20808(t-1))}$	3.806	2.6%	$-6.6739+8.3739e^{(0.21513(t-1))}$	3.832	1.5%

由表 9-6 可以看出, GM(1,1)预报最近的一个数据精度较高, 而较远的预报精度逐渐降低, 自适应 GM(1,1)模型显著提高了预报精度。

9.2 基于 GA-BP 的井筒变形预报

9.2.1 BP 神经网络

BP 神经网络是人工神经网络中应用最为广泛的一种。一个简单的 BP 网络可以由输入层、隐含层和输出层三部分组成。BP 网络的结构如图 9-3 所示。BP 算法的学习过程是基于梯度下降法来实现对网络连接权(权值及阈值)的修正, 使得网络误差平方和最小。BP 算法的核心由两部分组成:信息的正向传递和误差的反向传播。在正向传递过程中, 输入信息从输入层给隐含层逐层计算传向输出层, 如果在输出层没有得到期望的输出, 则计算输出层的误差变化值, 然后进行反向传播, 修改神经元的权值, 直到达到期望目标。

BP 算法的基本公式为:

$$W(n) = W(n-1) - \Delta W(n) \tag{9-19}$$

其中,

$$\Delta W(n) = \eta \frac{\partial E}{\partial W}(n-1) + \alpha \Delta W(n-1) \tag{9-20}$$

式中, W 为权值, η 为学习率, E 为误差函数的梯度值, α 为权重变化率。

BP 神经网络具有如下优点:BP 网络的学习是一种全局逼近, 能够在较大的空间内寻找到最优解, 且有良好的泛化能力;只要有足够的隐含层和隐含层节点数, BP 网络可以实现任何复杂非线性映射的功能;BP 网络还具有一定的推广、概括能力。不足之处主要表现在学习速度慢, 易陷入局部极小, 难以确定隐含层和隐含层节点数的困境。此外, 参数选取主要依靠经验, 很容易引起网络振荡甚至是不收敛。

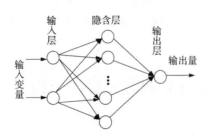

图 9-3　BP 神经网络结构图

9.2.2　遗传算法

遗传算法(Genetic Algorithm, GA)是一种根据生物学中所谓自然选择和遗传机理随机搜索的优化算法,其本质特征在于群体策略和简单的遗传算子。遗传算法最基本的优势在于能够利用有限的搜索过程自动寻找到其取值空间的最优解或者次优解。遗传算子包括复制、杂交和变异,简单的遗传算法可以通过这三种不同的算子来产生新一代种群个体。遗传算法中的选择、交叉和变异是随机操作的,采用随机方法进行最优解搜索,选择使目标向最优解迫近,交叉可以产生最优解,变异体现了全局最优解的覆盖。因此,遗传算法不太容易陷入局部极小点,同时遗传算法的灵活性使得神经网络模型中的结构和参数辨识变得十分方便。

遗传算法的主要运算过程为:

① 初始化:包括参数设置、种群的表示和初始化,随机生成初始种群 $P(0)$;

② 个体评价:计算种群 $P(t)$ 中各个个体的适应度;

③ 遗传运算:将选择算子、交叉算子、变异算子随机作用于种群,种群 $P(t)$ 经过选择、交叉、变异运算后得到下一代种群 $P(t+1)$;

④ 终止条件判断:若 $t<=T$,则转到第②步;若 $t>T$,则以进化过程中所得到的具有最大适应度的个体作为最优解输出,终止计算。

9.2.3 GA-BP 网络结构

BP 网络具有良好的泛化能力和寻优性等优点,而遗传算法具有全局搜索能力,能自动进行寻优,因此,将二者进行有效地结合,可以对 BP 网络参数和连接权(阈值)进行优化,有效地提高神经网络的性能。本章采用基于遗传算法优化 BP 网络,它的基本思想是先用遗传算法对初始网络参数及初始权值(阈值)进行优化,在解空间中定位出较好的搜索空间,然后用 BP 算法在这些小的解空间中搜索出最优解。用遗传算法优化 BP 网络结构的流程如图 9-4 所示。

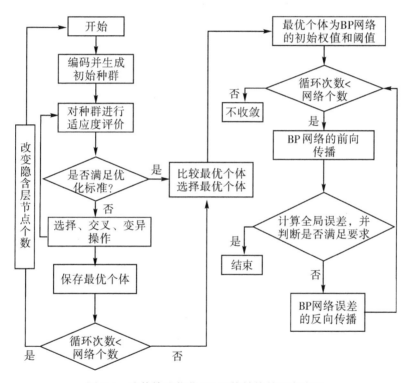

图 9-4　遗传算法优化 BP 网络结构的基本流程

用 GA 进化神经网络,体现了遗传算法和神经网络结合的思想。进化主要包括三个方面:网络拓扑结构的进化、连接权的进化、学习规则的进化。

本研究仅使用遗传算法来完成对网络拓扑结构的进化，具体过程如下：

① 编码操作：对网络参数进行编码，编码方法有二进制编码和实数编码。在此处染色体的编码策略采用二进制编码。

② 初始化：对种群中的个体进行初始化，生成初始种群。

③ 建立 BP 神经网络并进行个体评价：根据样本空间特征维数及已知的类别数，建立 BP 网络，利用已知类别的样本，由式（9-21）计算 BP 网络输出及期望输出误差，计算种群 $P(t)$ 中各染色体适应值。

④ 遗传算法优化并重新进行个体评价：随机进行选择、交叉、变异运算，使染色体实现优胜劣汰，得到新种群 $P(t+1)$。将新的种群 $P(t+1)$ 赋值给 $P(t)$，再次对其评价适应值。直到种群适应度趋于稳定为止。

适应度函数选择如式（9-22）：

$$e(i) = y(i) - y_m(i) \tag{9-21}$$

$$f = \frac{1}{R+1} \tag{9-22}$$

式中，$R = \dfrac{1}{l}\displaystyle\sum_{i=1}^{l} e(i)^2$，$l$ 为学习样本数，$y(i)$ 为网络的实际输出值，$y_m(i)$ 为网络的期望输出值。

得到最优种群后，将最优种群作为 BP 神经网络的权值和阈值，通过网络训练、模拟后确定网络的最佳拓扑结构，便于进行网络预报研究。

9.2.4　预报模型评价指标

为了对预报模型进行定量比较分析，采用以下两个评价指标：

① 内、外符合精度：

$$\sigma_{内}(\sigma_{外}) = \pm\sqrt{\frac{vv}{n-1}} \tag{9-23}$$

式中，n 为样本个数，$v = \eta_{\exp} - \eta_{\mathrm{pre}}$，$\eta_{\exp}$ 表示实测值，η_{pre} 表示预报值。

② 平均绝对误差百分比 mape：

$$\text{mape} = \frac{1}{n} \sum_{i=1}^{n} \frac{|\eta_{\text{exp}} - \eta_{\text{pre}}|}{\eta_{\text{exp}}} \tag{9-24}$$

9.2.5　试验结果及分析

选取在兖州某煤矿主井的 GPS 测量数据,测量时间为 2010 年 3 月 16 日,采用单历元解算法求得该段时间的变形值,共 695 个历元。以 Z 方向的变形为例进行分析,Z 方向原始信号如图 9-5 所示,经小波阈值滤波后的有效变形信号如图 9-6 所示。

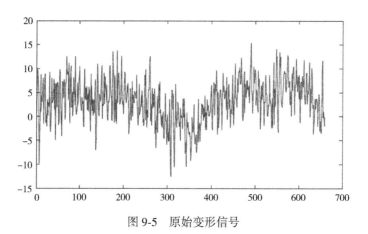

图 9-5　原始变形信号

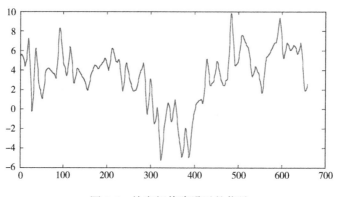

图 9-6　给定阈值降噪后的信号

提取前 87 个历元进行变形预报,结合 GP 算法分析数据的混沌特征,分析结果如图 9-7 所示。在经互信息最小化法求得延迟时间 $\tau=2$ 后,关联维数与嵌入维数有如图 9-8 所示的关系,从图中可以得

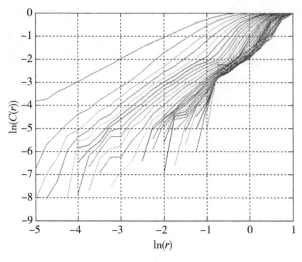

图 9-7　关联曲线图

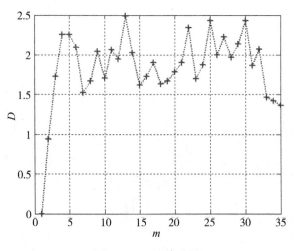

图 9-8　$D \sim m$ 关系图

知最佳嵌入维数 $m=13$，从而可以重构一个 $13×63$ 的相空间作为模型输入。

对重构的相空间采用 GA-BP 网络模型和 BP 网络模型进行预报研究，取前 58 组数据作为训练样本用于网络模型的学习和模拟，后 5 组数据用于预报。在设置网络参数相同的情况下，得到两种模型的分析结果见表 9-7。图 9-9 为 GA-BP 网络模型训练曲线，图 9-10 为 GA-BP 网络模型适应度变化过程。

表 9-7   模型预报与实测值对比

实测值/mm	BP 网络		GA-BP 网络	
	预报值	绝对误差	预报值	绝对误差
3.11	2.188	0.922	3.290	−0.18
3.47	3.585	−0.115	3.603	−0.133
4.04	4.385	−0.348	4.450	−0.41
4.58	3.990	0.59	4.423	0.157
5.17	5.510	−0.34	5.046	0.124
内符合精度	0.1023		0.0159	
外符合精度	0.5382		0.2274	
mape	0.1221		0.0512	

从表 9-7 可以看出，经遗传算法优化的 BP 神经网络不仅具有良好的模拟能力，还具有良好的外推能力。而且从 mape 来看，GA-BP 网络模型的稳健性明显高于 BP 网络模型，这进一步说明 GA-BP 网络模型预报结果更为可靠。

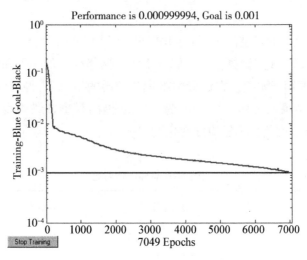

图 9-9　GA-BP 网络模型训练曲线

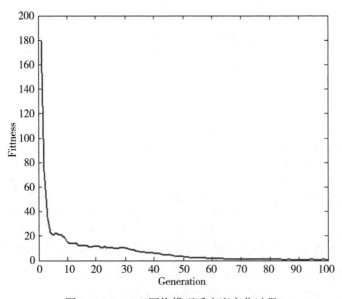

图 9-10　GA-BP 网络模型适应度变化过程

9.3 基于相空间重构的 **LS-SVM** 井筒变形预报

支持向量机(Support Vector Machine,SVM)是 Vapnik 根据统计学理论提出的一种学习算法,建立在 VC 维理论和结构风险最小化(SRM)原则基础上,在模型的复杂性与学习能力之间寻求一种平衡。其具有结构简单、学习速度快、全局最优、泛化性能好等优点,能有效克服神经网络中易陷入局部收敛问题;同时由于其拓扑结构由支持向量决定,避免了神经网络方法中拓扑结构的任意选取。支持向量机算法被认为是神经网络的有效替代方法。

9.3.1 最小二乘支持向量机算法

1999 年,Suykens J.A.K 提出了一种新型支持向量机 LS-SVM 分类方法,是由 Vapnik 经典支持向量机发展而来的。其基本思想是:对于非线性问题,通过样本空间的非线性映射将输入空间映射到高维空间,使样本线性可分,再在高维空间内转化为线性回归问题加以解决。与经典支持向量机不同,该方法将不等式约束改为等式约束,求解过程转换为解方程组,巧妙地避开了求解难度高且耗时的二次规划问题,使得求解速度加快,而且也不需要指定逼近精度。对于给定样本集为 $\{(x_1,y_1),\cdots,(x_i,y_i)\}$,$i=1,2,\cdots,n$,$x_i \in \mathbf{R}^d$,$y_i \in \mathbf{R}$。原始空间在一定的约束条件下构造了下面的最小化目标函数:

$$\min_{\boldsymbol{\omega},\boldsymbol{\xi}} = \frac{1}{2} \parallel \boldsymbol{\omega} \parallel^2 + C \sum_{i=1}^{n} (\boldsymbol{\xi}_i + \boldsymbol{\xi}_i^*) \qquad (9\text{-}25)$$

式中,C 为惩罚参数,是一个正常数,决定了经验误差和模型复杂度之间的一种折中。$\boldsymbol{\xi}_i$ 为松弛因子,是一个正变量。

与传统支持向量机不同,最小二乘支持向量机在 SRM 原则下构造出如下的最优化目标函数:

$$\min_{\boldsymbol{\omega},e} = \frac{1}{2} \parallel \boldsymbol{\omega} \parallel^2 + \gamma \frac{1}{2} \sum_{i=1}^{n} e_i^2 \qquad (9\text{-}26)$$

式中,γ 为正则化参数。式(9-27)满足等式约束条件:

$$\text{s.t.} y(x) = \boldsymbol{\omega}^{\mathrm{T}} \phi(x_i) + \boldsymbol{b} + \boldsymbol{e}_i \tag{9-27}$$

引入 Lagrange 因子 α,定义 Lagrange 函数为:

$$L(\boldsymbol{\omega}, b, e, \alpha) = \frac{1}{2} \|\boldsymbol{\omega}\|^2 + \gamma \frac{1}{2} \sum_{i=1}^{n} e_i^2 - \sum_{i=1}^{n} \boldsymbol{\alpha}_i \{\boldsymbol{\omega}^{\mathrm{T}} \phi(x_i)$$

$$+ \boldsymbol{b} + \boldsymbol{e}_i - \boldsymbol{y}_i\} \tag{9-28}$$

分别对 ω, b, e, α 求偏微分,得到最优条件为:

$$\begin{cases} \dfrac{\partial \boldsymbol{L}}{\partial \boldsymbol{\omega}} = 0 \rightarrow \boldsymbol{\omega} = \displaystyle\sum_{i=1}^{n} \alpha_i \phi(x_i) \\[3mm] \dfrac{\partial \boldsymbol{L}}{\partial b} = 0 \rightarrow \displaystyle\sum_{i=1}^{n} \alpha_i = 0 \\[3mm] \dfrac{\partial \boldsymbol{L}}{\partial e} = 0 \rightarrow \alpha_i = Ce_i \\[3mm] \dfrac{\partial \boldsymbol{L}}{\partial \alpha_i} = 0 \rightarrow \boldsymbol{\omega}^{\mathrm{T}} \phi(x_i) + b + e_i - y_i = 0 \end{cases} \tag{9-29}$$

消去式中的 e_i 和 $\boldsymbol{\omega}$,得到:

$$\begin{bmatrix} 0 & \boldsymbol{L}^{\mathrm{T}} \\ \boldsymbol{L} & \boldsymbol{Z}\boldsymbol{Z}^{\mathrm{T}} + \gamma^{-1}\boldsymbol{L} \end{bmatrix} \begin{bmatrix} \boldsymbol{b} \\ \boldsymbol{\alpha} \end{bmatrix} = \begin{bmatrix} 0 \\ \boldsymbol{y} \end{bmatrix} \tag{9-30}$$

式中,$\boldsymbol{y} = [y_1, y_2, \cdots, y_n]^{\mathrm{T}}$,$\boldsymbol{\alpha} = [\alpha_1, \alpha_2, \cdots, \alpha_n]^{\mathrm{T}}$,$\boldsymbol{Z} = [\phi(x_1), \phi(x_2), \cdots, \phi(x_n)]^{\mathrm{T}}$。

由于空间映射后维数增加导致了计算复杂,计算量增大。因此根据泛函数理论,选用适当的内积核函数 $K(x, x_i)$ 代替内积运算可以实现 $\phi(x)$ 的线性逼近,得到最小二乘向量机回归模型为:

$$y(x) = \sum_{i=1}^{n} \alpha_i K(x, x_i) + b \tag{9-31}$$

核函数是满足 Mercer 条件的任意对称函数,常用的核函数主要有多项式核函数、径向基函数(RBF)、高斯核函数、Sigmoid 核函数等。本研究将选用径向基函数作为核函数:

$$K(x, x_i) = \exp\left(-\frac{\|x - x_i\|^2}{\sigma^2}\right) \tag{9-32}$$

9.3.2 混沌时间序列的重构相空间

对于一个复杂系统,假设观测所得时间序列为 $x_1, x_2, x_3, \cdots, x_n$。对该时间序列进行相空间重构的基本原理如下:

① 设实际所观察到的长度为 N 的时间序列为: $x_1, x_2, x_3, \cdots, x_N$,将其嵌入 m 维欧氏子空间中,选定一个时间延迟 τ,从 x_1 开始取值,往后延迟一个时间延迟 τ 取一个值,取到 m 个数为止,得到 m 维子空间的第一个点: $r_1 : \{x_1, x_{1+\tau}, \cdots, x_{1+(m-1)\tau}\}$;

② 去掉 x_1,以 x_2 为第一个数,以同样的方法得到第二个点 r_2: $\{x_2, x_{2+\tau}, \cdots, x_{2+(m-1)\tau}\}$;

③ 长度为 N 的时间序列依次可得到 $N_m = N - (m-1)\tau$ 个相点,构成 m 维子空间:

$$
\left.
\begin{aligned}
r_1 &: \{x_1, x_{1+\tau}, \cdots, x_{1+(m-1)\tau}\} \\
r_2 &: \{x_2, x_{2+\tau}, \cdots, x_{2+(m-1)\tau}\} \\
&\qquad\cdots \\
r_{N_m} &: \{x_{N_m}, x_{N_m+\tau}, \cdots, x_N\}
\end{aligned}
\right\}
$$

通过上述可知,混沌时间序列的相空间重构的关键在于确定嵌入维数 m 和时间延迟 τ。前文阐述中,时间延迟 τ 可以采用交互信息最小化方法选取,最佳嵌入维数 m 可由 G-P 算法唯一确定。

根据计算得到的嵌入维数 m 和时间延迟参数 τ,应用 wolf 法,求得原始序列的 Lyapunov 指数 λ,如果 $\lambda > 0$,则可说明原始序列为混沌时间序列。

9.3.3 基于混沌相空间重构的最小二乘支持向量机模型

基于混沌相空间重构的最小二乘支持向量机(LS-SVM)模型用于时间序列预报的基本步骤为:

① 对于时间序列 $x_1, x_2, x_3, \cdots, x_N, x_{N+1}, x_{N+2}, \cdots, x_{N+T}$,将后 T 期数据作为要预报的数据,即预报步长为 T。对前 N 期数据,根据混沌理论,求得饱和关联维数所对应的嵌入维数,并将其作为最佳嵌入维数 m 和时间延迟参数 τ,在此基础上重构原始时间序列的相空间

$Y_i = \{x_i, x_{i+\tau}, \cdots, x_{i+(m-1)\tau}\}$,$(i = 1, 2, \cdots, N_m)$,其中 $N_m = N - (m-1)\tau$;

② 变形时间序列的混沌性判别。根据 wolf 法计算时间序列的最大 Lyapunov 指数,以便判断时间序列是否具有混沌特性;

③ 构造输入输出向量。选取重构后的相空间的前 $N_m - T$ 个点作为训练样本,将作为预报模型的训练输入,其余点作为测试样本;

④ 模型参数的择优选取。将训练样本输入 LS-SVM 模型中,合理选取各个参数值,使模型达到性能最优。然后用测试样本进行测试,评价模型的外推能力。

⑤ 预报研究。利用训练好的模型进行预报研究。

9.3.4 试验结果及分析

试验一:利用兖州某矿井筒周围#8 沉降监测点为期 25 期的变形监测数据,见表 9-8。对其进行主分量分析和关联维数分析,结果如图 9-11 所示。通过 GP 算法求得饱和关联维数为 $D_2 = 2.59$,对应的最佳嵌入维数 $m = 4$,关联维数与嵌入维数的关系如图 9-12 所示。采用交互信息最小化方法求得时间延迟参数 $\tau = 1$,因此可以重构一个 4×22 的相空间。通过 wolf 法求得最大 Lyapunov 指数为 $0.0573 > 0$,可以判断该系统存在混沌特性,在预报处理中应引入混沌理论。

表 9-8   #8 监测点变形数据   (单位/mm)

1	2	3	4	5	6	7	8	9	10	11	12	13
44.88	45.86	47.3	47.83	48.1	48.98	49.39	49.9	50.56	50	50.2	49.7	51
14	15	16	17	18	19	20	21	22	23	24	25	
50.63	51.35	51.12	50.55	50.42	49.69	50.31	48.2	52.76	52	53.7	55.9	

在 LS-SVM 回归模型中,主要的参数有:误差惩罚参数 C 和核函数参数。本次试验选用了高斯径向基核函数(RBF),其参数为 σ^2 。通过对模型参数多次试算和筛选,最后,确定各参数值分别为:$C = 1000, \sigma^2 = 9$ 。

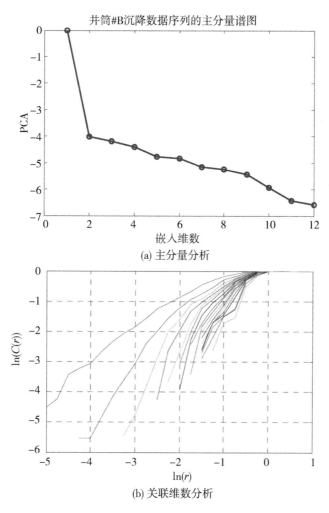

(a) 主分量分析

(b) 关联维数分析

图 9-11 #8 监测点特征分析

为了验证该模型的有效性,建立了 BP 神经网络模型与之进行对比,BP 神经模型的网络结构设置为 4-9-1 的三层网络,训练次数设置为10^4。两种模型分别对前 17 个样本进行拟合,对后 5 个样本进行预报。两种模型的预报结果见表 9-9。

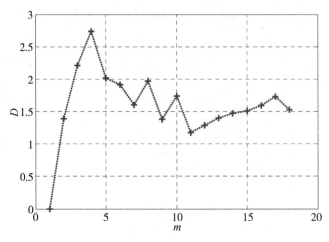

图 9-12　#8 监测点 $D\sim m$ 关系

表 9-9　　　　　　　　**LS-SVM、BP 网络预报结果分析**

实测值(mm)	LS-SVM		BP 网络	
	预报值(mm)	相对误差	预报值(mm)	相对误差
48.19	50.79	5.40%	50.02	3.80%
52.76	52.71	0.09%	48.91	7.30%
52.28	52.52	0.46%	51.19	2.08%
53.65	52.96	1.29%	53.57	0.15%
55.93	53.87	3.68%	53.47	4.40%
内符合精度 mm	0.007		0.532	
外符合精度 mm	1.7		2.521	
mape	0.0218		0.0355	

　　从表 9-9 可知,LS-SVM 模型的预报结果的最大相对误差为 5.40%,而 BP 神经网络模型最大相对误差为 7.30%。且从内、外符合精度来看,LS-SVM 模型的精度高于 BP 神经网络模型精度,这说

明 LS-SVM 模型既具有较强的拟合能力,同时也具有较好的预报能力。从平均绝对误差百分比 mape 来看,LS-SVM 模型具有比 BP 网络模型更高的稳健性能,这说明 LS-SVM 模型可靠性更高。

试验二:再取井筒附近某建筑物沉降监测点#5 在 2000 年 3 月 11 号到 2002 年 11 月 15 日所测数据为例进行试验分析,数据期数为 25,数据见表 9-10。在进行预报研究之前,对其进行特征分析,分析结果显示该变形体存在混沌特性,且通过 wolf 法求得最大 Lyapunov 指数为 0.0236>0。由 GP 算法求得最佳嵌入维数为 6,延迟时间 τ = 1,因此可以重构一个 6×20 的相空间。

表 9-10   **#5 监测点沉降数据**

期数	沉降量(cm)	期数	沉降量(cm)	期数	沉降量(cm)
1	0.49	10	4.82	19	6.35
2	0.92	11	4.54	20	7.23
3	1.12	12	4.18	21	5.16
4	1.19	13	5.42	22	8.19
5	2.36	14	5.01	23	7.69
6	3.25	15	5.36	24	7.83
7	3.3	16	5.32	25	9.21
8	4.25	17	4.92		
9	4.77	18	5.07		

同样,采用 LS-SVM 模型和 BP 网络模型对数据进行预报处理,取相空间中的前 16 个数据为模型训练样本,后 4 个数据作为预报样本。试验中选择高斯径向基核函数(RBF),合理确定各层参数 (C = 500, σ^2 = 0.25)。BP 网络结构为(图 9-3)三层网络,隐层传递函数为 tansig,输出层传递函数为 purelin。两种模型预报结果见表 9-11。从表 9-11 可以看出,LS-SVM 模型的整体性能高于 BP 网络模型。

表 9-11　　　　　　**LS-SVM、BP 网络预报结果分析**

实测值（mm）	LS-SVM		BP 网络	
	预报值（mm）	相对误差	预报值（mm）	相对误差
8.19	8.315	1.53%	8.001	2.31%
7.69	7.591	1.29%	7.784	1.22%
7.83	7.925	1.21%	8.143	3.98%
9.21	8.946	2.87%	8.482	7.9%
内符合精度 mm	0.0351		0.0016	
外符合精度 mm	0.1614		0.4098	
mape	0.0172		0.0386	

9.4　本章小结

本章研究了灰色预报 GM（1,1）和自适应 GM（1,1）模型,对比了 GA-BP 网络模型与 BP 网络模型的预报精度,并基于重构相空间维数建立 LS-SVM 预报模型。采用兖州某矿井筒周围的实测数据,进行模型验证,实测数据分析表明,与 GM（1,1）比较,自适应 GM（1,1）模型可以提高较远时间点的预报精度;GA-BP 网络模型、LS-SVM 模型较 BP 网络模型有较好的拟合能力及外推能力。

第 10 章 井筒变形预警及完备性 监测模型

对变形灾害进行及时预警是目前国内外学者面临的重要难题，也提出了诸多预警方法与数据处理模型。通过变形监测提供短期预警仍是目前实用方法之一，学术界针对变形预警开展了大量的研究工作。本章针对井筒变形预警，建立了基于累积和检验统计的变形预警模型，构建基于变形时间序列的累积和检验统计量(Cumulative Sum，CUSUM)，建立双边累积和检验的短期预警模型。在此基础上给出了井筒短期预警完备性监测算法，通过对模拟数据和井筒变形实测数据分析，证明算法是有效的。

10.1 累积和算法简介

累积和算法是由 Page 和 Kemp 提出的，由于累积和算法是利用序贯分析的原理，以历次观测的累积结果判断监测过程是否处于统计控制状态，因此具有累积效应，利用的信息量多，因而用于判断监测过程异常，尤其是小偏移量的灵敏度就会提高。CUSUM 算法有两种类型，第一种类型是变形前后均值已知的单侧 CUSUM 算法；第二种类型为变化幅度未知的双侧 CUSUM 算法。下面将分别简要介绍这两种算法。

10.1.1 单边 CUSUM 算法

设有一时间序列$\{y_i\}$，$i=1,2,\cdots,n$。该序列服从 $y \sim N(\mu_0, \sigma)$ 分布，当观测值由 y_1 向 y_i 变化时，定义：

$$z_i = \ln \frac{p_1(y_i)}{p_0(y_i)} = \frac{\mu_1 - \mu_0}{\sigma^2}\left(y_i - \frac{\mu_1 + \mu_0}{2}\right) = \frac{\delta\mu}{\sigma^2}\left(y_i - \mu_0 - \frac{\delta\mu}{2}\right) \qquad (10\text{-}1)$$

式中，$\delta\mu = \mu_1 - \mu_0$，为均值变化量。则在第 i 个采样点时，可定义对数似然比函数为：

$$S_i = \sum_{i=1}^{n} z_i \qquad (10\text{-}2)$$

将式（10-1）代入式（10-2）可得：

$$S_i = \frac{\delta\mu}{\sigma^2} \sum_{i=1}^{n} \left(y_i - \mu_0 - \frac{\delta\mu}{2}\right) \qquad (10\text{-}3)$$

式（10-3）即为累积和决策函数。

定义检验统计量：

$$\begin{cases} H_0 : \mu = \mu_0 \\ H_1 : \mu = \mu_1 = \mu_0 + \delta\mu \end{cases}$$

当 μ_0 为真时，$p_0(y_i)$ 大于 $p_1(y_i)$，此时 z_i 为负值，即在变化前发生了负向偏移；当 μ_1 为真时，$p_0(y_i)$ 小于 $p_1(y_i)$，此时 z_i 为正值，即在变化前发生了正向偏移。

为了检验每个采样点的偏离程度，定义单边累积和决策函数为：

$$g_n^* = S^* - \min_{1 \leqslant i \leqslant n} S_i{}^* \geqslant h \qquad (10\text{-}4)$$

式中，h 为决策阈值。$S_i{}^* = \left(S_{i-1}^* + y_i - \mu_0 - \frac{\delta\mu}{2}\right)^+$，$S_0{}^* = 0$。

10.1.2　双边 CUSUM 算法

当 $\delta\mu$ 的大小与符号不确定时，可采用双边 CUSUM 算法检验。双边 CUSUM 检验实质是针对 $\delta\mu$ 的正、负两种情况分别实施单边 CUSUM 检验，其决策函数可以定义为：

① 当 $\delta\mu > 0$，决策准则为：

$$g_n^+ = S^+ - \min_{1 \leqslant i \leqslant n} S_i^+ \geqslant h^+ \qquad (10\text{-}5)$$

② 当 $\delta\mu < 0$，预警准则为：

$$g_n^- = S^- - \min_{1 \leqslant i \leqslant n} S_i^- \geqslant h^- \qquad (10\text{-}6)$$

其中，

$$S_i^{\ +}=S_{i-1}^{\ +}+\left(y_i-\mu_0-\frac{\delta\mu}{2}\right)^+,S_0^{\ +}=0$$

$$S_i^{\ -}=S_{i-1}^{\ -}+\left(-y_i+\mu_0-\frac{\delta\mu}{2}\right)^-,S_0^{\ -}=0$$

h^+,h^- 分别为两种情况下的决策阈值。

10.2　基于累积和检验的预警模型

10.2.1　累积和预警模型

处于安全状态下的构筑物变形具有稳定均值与方差或者满足一定的变形规律,通过系统构建模型,去除系统误差,可得变形预警分析序列 $\{y_k\}$, $k=1,2,3,\cdots$。采用历史数据分析,可获得 $\{y_k\}$ 的均值 μ_0 与方差 σ^2。灾害变形发生时刻为 j,由于变形监测设备特性没有变化,则 σ^2 保持不变,均值由 μ_0 变为 μ_1,有:

$$y_t=\begin{cases}\mu_0+e_t & \text{if}\quad t\leqslant u-1\\ \mu_1+e_t & \text{if}\quad t\geqslant u\end{cases} \tag{10-7}$$

$$\delta\mu=\mu_1-\mu_0$$

其中, e_t 是方差为 σ^2 的白噪声序列, $\delta\mu$ 为灾害变形前后均值之差,定义检验统计量:

$$\begin{cases}H_0:\mu_0 & \text{if}\quad j\leqslant T\\ H_1:\mu_1 & \text{if}\quad j>T\end{cases} \tag{10-8}$$

H_0 表示考虑的观测序列没有出现灾害变形,可选检验量 H_1 表示 j 时刻出现灾害变形。j 时刻前后变形量符合如下概率分布密度:

$$f_j(y)=\begin{cases}f_0(y)=f(y/H_0)=\dfrac{1}{\sigma\sqrt{2\pi}}\exp\left(-\dfrac{(y-\mu_0)^2}{2\sigma^2}\right) & H_0\ \text{is true}\\ f_1(y)=f(y/H_1)=\dfrac{1}{\sigma\sqrt{2\pi}}\exp\left(-\dfrac{(y-\mu_1)}{2\sigma^2}\right) & H_1\ \text{is true}\end{cases} \tag{10-9}$$

对于第 i 个观测历元,可定义对数似然比函数:

$$\lambda(t) = \ln \frac{L(\theta_1)}{L(\theta_0)} = \ln \frac{f_1(y_1)f_1(y_2)\cdots f_1(y_t)}{f_0(y_1)f_0(y_2)\cdots f_0(y_t)}$$

$$= \ln \frac{f_1(y_1)}{f_0(y_1)} + \cdots + \ln \frac{f_1(y_t)}{f_0(y_t)}$$

$$= z_1 + z_2 + \cdots + z_t \tag{10-10}$$

$$z_i = \ln \frac{f_1(y_i)}{f_0(y_i)} \tag{10-11}$$

其中,随机变量 z_i 满足:

$$z_i = \frac{\mu_1 + \mu_0}{2\sigma^2}\left(y_i - \frac{\mu_1 + \mu_0}{2}\right) = \frac{\delta\mu}{2\sigma^2}\left(y_i - \mu_0 - \frac{\delta\mu}{2}\right) \tag{10-12}$$

$$z \sim N(\mu_z, \sigma_z^2)$$

其中, $\mu_z = \dfrac{\mu_1 - \mu_0}{\sigma^2}\left(E\{Y\} - \dfrac{\mu_1 + \mu_0}{2}\right), \sigma_z^2 = \dfrac{(\mu_1 - \mu_0)^2}{\sigma^2}$

当 H_0 成立时, z_i 符号为负;当 H_1 成立时, z_i 符号为正。因此,分布函数 $L(\theta)$ 的变化通过 z_i 的符号体现,即

$$\begin{cases} E_0\{z_i\} < 0 & H_0 \quad \text{is} \quad \text{true} \\ E_1\{z_i\} > 0 & H_1 \quad \text{is} \quad \text{true} \end{cases}$$

定义 $t = 0$ 时,对数似然比函数用 $\lambda(0)$ 表示,式(10-10)可表示成循环结构:

$$\lambda(t) = \lambda(t-1) + \ln \frac{f_0(y_t | Y_{t-1})}{f_1(y_t | Y_{t-1})} \tag{10-13}$$

$\lambda(0)$ 通常假定为 0,向量 $Y_{t-1} \equiv (y_1, y_2, \cdots, y_{t-1})$ 表示 t 时刻之前观测值中所有的先验信息。当 $\delta\mu > 0$ 时,定义单边累积和预警准则为:

$$\lambda(t) - \min_{0 \leq i \leq t}\{\lambda(i)\} \geq h \tag{10-14}$$

其中, h 为决策阈值,由误警率确定。

CUSUM 算法的优势在于将整个过程小偏移量累加起来,起到放大的作用,提高小偏移量的灵敏度。因此决策阈值 h 的选择很重要, h 过小,则会出现过度灵敏现象;而 h 过大,则会导致不能及时给出警报。

当 $\delta\mu$ 的大小与符号不确定时,可采用双边累积和检验进行预警,双边累积和检验实质是针对 $\delta\mu$ 的正、负两种情况分别实施单边累积和预警,当出现如下情况时进行预警:

① 当 $\delta\mu > 0$，预警准则为：

$$\lambda^+(t) - \min_{0 \leqslant i \leqslant t} \left\{ \lambda^+(i) \right\} \geqslant h^+ \tag{10-15}$$

② 当 $\delta\mu < 0$，预警准则为：

$$\lambda^-(t) - \min_{0 \leqslant i \leqslant t} \left\{ \lambda^-(i) \right\} \geqslant h^- \tag{10-16}$$

其中：

$$\lambda^+(t) = \lambda^+(t-1) + \frac{\delta\mu_{\min}}{2\sigma^2}\left(y_j - \mu_0 - \frac{\delta\mu_{\min}}{2} \right)$$

$$\lambda^-(t) = \lambda^-(t-1) + \frac{\delta\mu_{\min}}{2\sigma^2}\left(-y_j + \mu_0 - \frac{\delta\mu_{\min}}{2} \right)$$

h^+, h^- 分别为两种情况下的决策阈值。

10.2.2 预警参数选取方法

采用累积和预警模型进行变形灾害短期预警时，以平均预警时间延迟作为准则，需要预先确定 $(h, \delta\mu)$ 供预警模型使用。变形灾害发生，但预警模型没有有效监测的概率用平均运行长度(average run length, ARL)表示，也即预警模型发生第Ⅰ类误差的概率。单边预警时，$\delta\mu$ 正与负对应的 ARL 量设为 L^+ 与 L^-，则双边累积和检验 ARL 可用式(10-17)给出：

$$\frac{1}{L} = \frac{1}{L^+} + \frac{1}{L^-} \tag{10-17}$$

在给定误警率的前提下，即给定 L 的情况下，可确定预警阈值 h。根据变形体灾害预警的实际需要，确定最小预警变形量 $\delta\mu$，在平均预警延迟最短的情况下确定预警延迟，即预警模型的第Ⅱ类误差概率。L 与 h 之间的关系可近似表示为：

$$\begin{cases} L = \dfrac{\exp\left[-2\left(\dfrac{\mu_z h}{\sigma_z^2} + 1.166\dfrac{\mu_z}{\sigma_z} \right) \right] - 1 + 2\left(\dfrac{\mu_z h}{\sigma_z^2} + 1.166\dfrac{\mu_z}{\sigma_z} \right)}{2\dfrac{\mu_z^2}{\sigma_z^2}} & \mu_z \neq 0 \\[4ex] L = \left(\dfrac{h}{\sigma_z} + 1.166 \right)^2 & \mu_z = 0 \end{cases} \tag{10-18}$$

　　某一变形体变形量的均值(μ_0)与方差(σ^2)可通过历史监测数据分析获得,由式(10-12)可计算出 μ_z 及 σ_z。误警率及最小预警变形可由建筑物及用户的要求确定,求解式(10-18),可得预警阈值 h,随后用于系统的预警。在给定 $L = 250$ 的情况下,表 10-1 给出了最小预警变形量 $\delta\mu$ 与决策阈值 h 之间的关系。

表 10-1　　　　　　　　**$L = 250$ 时,$\delta\mu$ 与 h 的关系**

受控状态下,令 $L = 250$	
最小预警变形量 $\delta\mu$	决策阈值 h
5	3.1097
10	3.7757
20	3.8521
30	3.3742
40	2.6644
50	1.8268

10.3　预警完备性监测体系

　　本章系统定义变形预警完备性监测模型及其可得性、误警率及漏警率。实践中,采用最小预警变形、平均运行长度及预警时间延迟表示。在模型应用中,当实际变化量小于 $\delta\mu$ 时,预警模型不可得。图 10-1 是本章预警模型完备性监测算法结构图。

　　根据用户给定的最小预警变形量 $\delta\mu$ 及变形误警率确定的 ARL,计算阈值 h。对于 t 历元变形量系统输入,首先计算累积和统计量,根据预警时间延迟,确定模型是否可得,当预警模型可用时,判断统计量如果大于阈值 h,则切入变形预警程序,否则继续输入下一历元观测数据。

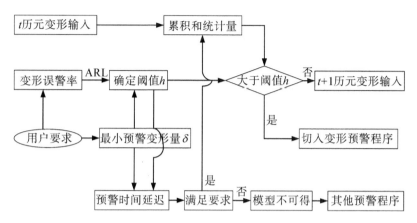

图 10-1　基于累积和检验的变形预警完备性监测

10.4　野外模拟数据验证

为验证本章预警模型的实际应用效果,采用模拟变形数据与 GPS 实测数据对预警模型进行测试。在模拟变形信号 $\mu_0 = 0, \sigma = 2$, $\delta\mu = 5$ 的情况下,采用公式(10-18),非线性求解模型预警阈值,分析其随着误警率的变化情况(表 10-2)。

表 10-2　　预警参数选取与预警时间延迟关系

预警模型参数			实际预警时间延迟(mm)				
最小预警变形量 ($\delta\mu$:mm)	误警率（或 ARL）	预警阈值 h(mm)	陡坡变形(mm)				缓慢变形
			1.5*	2*	5	5mm 以上	斜率为 0.1(mm/s)
5	0.01(ARL=100)	2.8510	21	2	0	0	16
	0.001(ARL=1000)	5.1351	21	2	0	0	16
	0.0001(ARL=10000)	7.4351	21	2	0	0	16

表 10-2 同时给出误警率 0.001（ARL = 1000）情况下的时间延迟。在模拟中发现,预警延迟随着模拟信号中随机噪声的不同,时间延迟不同,对于 1.5 mm 与 2 mm 的陡坡变形,如果模拟的随机误差分布不合理,会出现无法预警的现象,这是因为模拟的变形小于最小预警变形所致。当陡坡变形大于 5 mm 时,模型可以有效预警,对于缓慢变形,预警延迟会比较长。

图 10-2 模拟数值变小的陡坡变形情况下累积和检验阈值变化情况。随着变形逐渐进行,在 500 历元后,计算阈值大于最小预警阈值,模型切入变形预警程序。

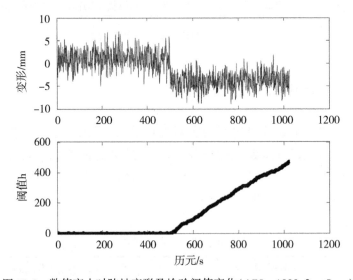

图 10-2　数值变小时陡坡变形及检验阈值变化（ARL = 1000, $\delta\mu$ = 5mm）

图 10-3 在 800 ~ 900 历元处模拟 0.1 mm/s 的缓慢变形,可以看出随着变形不断增大,累积和检验阈值也逐步增大,当变形结束时,阈值逐步变小,这是由于此后 z_i 为负。根据式（10-10）计算的累积和统计量在 816 历元处给出预警,该统计量最小值处为出现陡坡变形的位置,如图 10-4 所示。

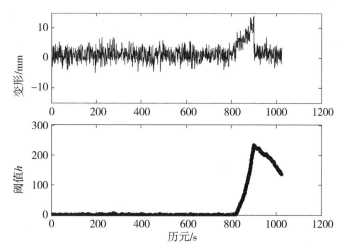

图 10-3 加入缓慢变形的检验阈值变化

(800~900 历元以后加入 0.1mm/s 缓慢误差)

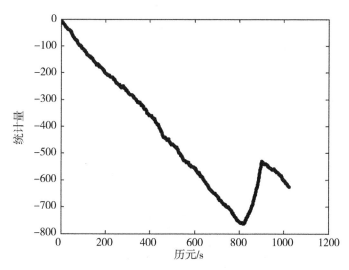

图 10-4 加入缓慢变形的累积和统计量变化

下面采用自主设计的灾害变形模拟装置(专利号为:2006200738914)采集实测数据验证该预警模型,如图 10-5 所示。该装置由 X, Y, Z 三个运动轴组成,在计算机的控制下,可以沿任意一轴运动,也可以作任意角度的平面曲线振动,同时还可以模拟空间几何体的变形运动。其振动频率既可以是固定不变的,又可以是多种组成或随机变动的。具体的运动量可通过唯一传感器监测获得。

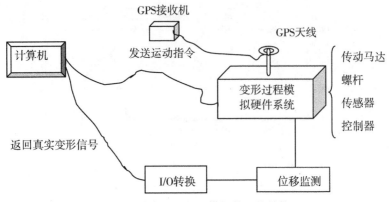

图 10-5　动态变形矢量模拟装置的结构图

　　数据采集时间为 2010 年 3 月 19 日,在中国矿业大学文昌校区进行,数据采集现场如图 10-6 所示。通过计算机编程控制 GPS 天线作变形运动,采用 Leica GPS 动态测量控制台的运动,取垂直方向的变形序列进行分析。

　　通过测试,在现场条件下,GPS 测量数据的中误差为 15.64 mm。

图 10-6　实测变形数据采集现场

取最小预警变形量为 27.91 mm, 预警率为 0.001(ARL = 1000)。由式
(10-18)计算出预警阈值为 5.2974。监测采样频率为 20 Hz, 采样时
间为 60 秒, 共 1500 历元, 图 10-7, 图 10-8 给出用于预警的统计量,
监测的变形发生在 481 历元处。

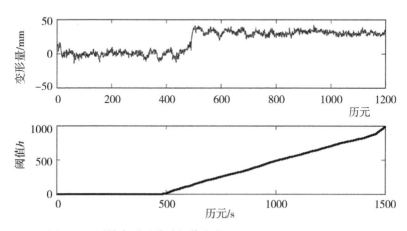

图 10-7　原始变形及检验阈值变化(ARL = 1000, $\delta\mu$ = 27.91mm)

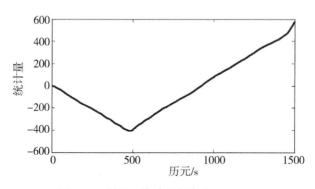

图 10-8　累积和统计量的变化(AD = 1)

10.5　井筒实测数据验证

为验证井筒动态变形的实际监测与动态预警效果, 2016 年 6 月
16 日在某矿业集团主井的楼顶进行动态监测实验, 实验条件在第 8

章进行了详细描述。本章采用高精度 GPS/BDS 组合定位结果验证本章的预警算法,图 10-9 为解算得到的北方向与东方向的动态变形序列,采样时长为 1 小时,采样率为 1 s。为验证算法对于动态变形的预警效果,将仪器进行水平移动模拟缓慢变形。分析井筒受振动条件下的动态变形序列,取 GNSS 的变形数据标准差为 5 mm,最小预警变形量为 20 mm,预警率为 0.001（ARL = 1000）。由式（10-18）计算出预警阈值为 4.3243,对两个分量的变形序列分别采用累积和变形预警算法进行预警分析。

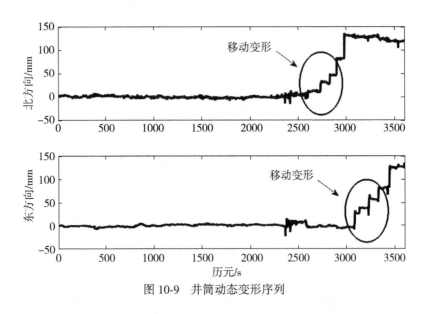

图 10-9　井筒动态变形序列

图 10-10 给出了北方向动态变形的预警结果,可以看出,在移动变形未发生时,监测点仅受到振动影响,动态变形在 5 mm 以内。在 2359 历元以及 2411 历元附近,少数历元出现较大的突然变形,算法能够有效检测。在移动变形发生后(上升变形),采用累积和预警算法,预警阈值快速增加,在 2599 历元时刻超过预设阈值,即算法检测到灾害变形发生。图 10-11 为相应的东方向动态变形的预警结果,算法同样可以检测到突然变形发生在 2359 历元、2371 历元等历元,移动缓慢变形在 2566 历元以及 3077 历元开始发生。

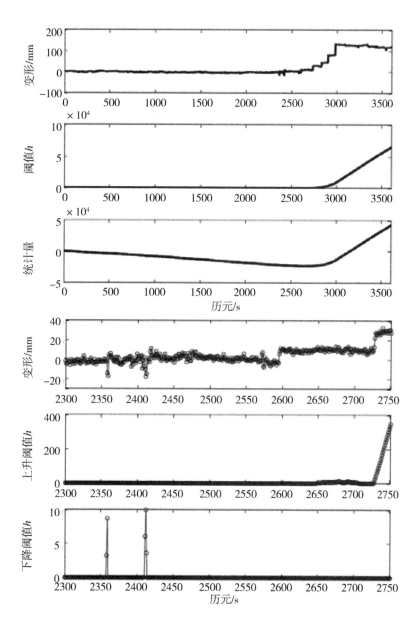

图 10-10　北方向动态变形的预警结果

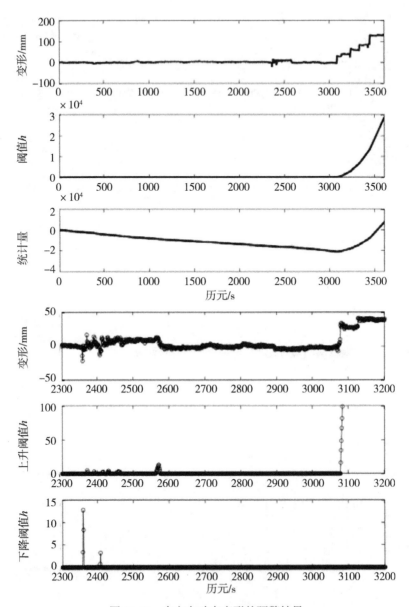

图 10-11 东方向动态变形的预警结果

10.6　本章小结

在研究累积和检验统计量的基础上，简要介绍了单边和双边 CUSUM 算法，并提出基于双边累积和检验的短期变形预警模型。在探讨了预警参数（最小预警变形、平均运行长度、预警时间延迟以及预警阈值）选取方法的前提下，提出灾害变形短期预警的完备性监测算法体系，对变形灾害预警的完备性监测算法、误警率和漏警率进行了阐述。最后，通过对模拟及实测数据进行研究验证了本章提出的模型是有效的，模型对于骤然陡坡变形及缓慢变形都有很好的预警作用。本研究为灾害预警体系的完善提供了有效途径，特别是为微小变形提供了一定的研究指导。当然，本模型也存在一些问题有待进一步研究。

第11章 井筒变形模拟系统研究

井筒变形过程复杂,监测条件困难,监测周期长。有限的监测数据给分析井筒变形的机理、规律等带来了障碍。此外,任何数据预处理方法都无法精确还原监测对象的实际变形规律,如果能模拟原始井筒变形规律,并采集相应的监测数据,将为验证所提出的理论、方法与模型提供依据。本章重点设计并研发了井筒变形模拟装置,模拟井筒变形,用于 GPS、加速计等传感器的监测实验,验证井筒变形监测理论与模型的正确性。

11.1 井筒变形模拟系统设计

11.1.1 系统组成

井筒变形模拟系统通过对步进电机输入已知的变形函数,实现平台的移动。通过在平台上架设 GPS、加速计等变形传感器来采集模拟的变形数据,对采集的数据进行分析,并与已知变形函数进行对比,以此验证变形分析模型与变形分析方法的正确性,如图 11-1 所示。

图 11-2 与图 11-3 给出了系统野外实验实景与核心传动装置图。模拟实验台由箱体、三维振动机构、电气控制部分、GPS 天线、各种接口线路、PC 机等组成。箱体采用不锈钢方形管材制作,强度高,重量轻,外形美观不易锈蚀损坏,四角具有支撑螺杆,箱体上装有监测 X 方向、Y 方向水平的气泡,通过调整四角螺杆,可实现试验台处于水平位置状态。箱体上刻有 X、Y 坐标的标志,以便于 GPS 传感器坐标

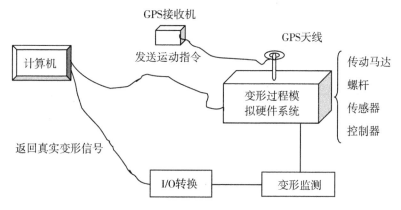

图 11-1　井筒变形模拟系统总体设计

图 11-2　模拟系统野外实验实景

图 11-3　模拟系统核心传动装置

的校准。图 11-4 给出了核心机械部分的三视图。

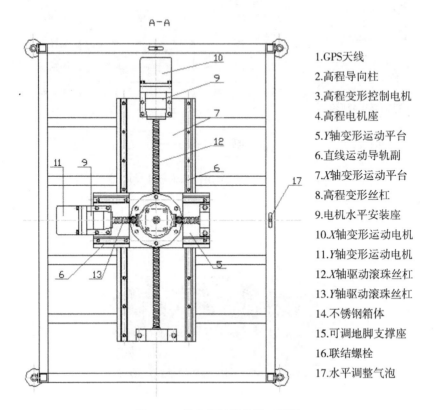

A-A

1.GPS天线
2.高程导向柱
3.高程变形控制电机
4.高程电机座
5.Y轴变形运动平台
6.直线运动导轨副
7.X轴变形运动平台
8.高程变形丝杠
9.电机水平安装座
10.X轴变形运动电机
11.Y轴变形运动电机
12.X轴驱动滚珠丝杠
13.Y轴驱动滚珠丝杠
14.不锈钢箱体
15.可调地脚支撑座
16.联结螺栓
17.水平调整气泡

图 11-4　核心机械部分的三视图

　　三维振动机构包括 X 方向、Y 方向、Z 方向三个单元的振动执行机构,每个单元的振动执行机构包括步进电机、精密丝杠驱动机构、振动运动导向平台、固定机构。在 Y 向或 Z 向振动运动导向平台上装有精密刻度尺,用于校准振动位移的准确度,其精度可达 0.01 mm。电气控制部分包括步进电机供电电源、驱动控制器、PLC 可编程控制器,电气控制部分安装在箱体内,亦可单独制作控制箱。系统构成方案如图 11-5 所示。

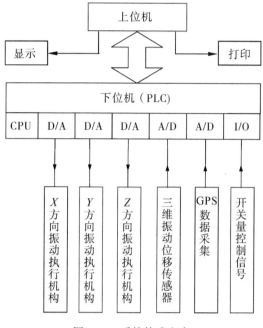

图 11-5 系统构成方案

11.1.2 系统功能设计

系统采集变形振动的基准频率和振幅,可以模拟三维空间的多种振动模式,例如:在设计的振幅和振动频率范围内,可实现:①任一个固定方向任一固定频率的振动模式;②任一个固定方向多个或随机频率的振动模式;③多个方向任一固定频率的振动模式;④多个方向多个频率或随机频率的振动模式;⑤任一个平面任一固定频率的振动模式;⑥任一个平面多个频率或随机频率的振动模式;⑦在三维空间内任一固定频率或多个、随机频率的振动模式;⑧设定方向大行程长周期的偏移测量。

总之,运动平台既可以沿一个方向振动,如水平 X 方向、Y 方向、高程 Z 方向或任一空间方向的振动模拟,也可以作任意角度的平面曲线振动,如圆周振动、椭圆振动,还可以模拟空间几何体的振动,如球形、长方体。其振动频率既可以是固定不变的,也可以是多种组成或随机变动的,这就可以通过计算机编程来灵活实现,便于模拟井筒的复杂变形。

11.2　系统控制电路

11.2.1　电机驱动机制

该装置由三个步进电机驱动,可以分别沿 x,y,z 方向运动,只要给出运动轨迹函数 $x(t)$、$y(t)$、$z(t)$ 三个方程,经过精确的机械传动合成后,可实现直线、正弦等二维运动和螺旋等三维运动。如图 11-6 所示,通过调节电机,使其在同一时刻到达由变形方程得出的位置。步进电机的运转角度是以步长为基本单位的,且控制方式为数字控制,因此,需要对运动轨迹和时间进行数字化处理。

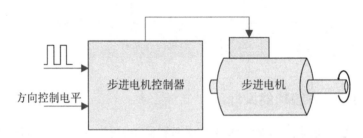

图 11-6　步进电机及其控制器

步进电机控制器有两个输入信号——脉冲信号和方向信号。控制器接收一个脉冲,电机按方向控制电平确定的方向旋转一个步长,经机械传动到装有变形传感器的平台,平台即向轴的方向直线运动一段距离,称为单元距离 λ,λ 的值由步进电机的步长和机械传动系数 k 比例决定,即 $\lambda=d/k$,其值越小控制精度越高。将连续的时间量分割成相等的时间片 Δt 实现数字化。步进电机精度较高且控制器处理速度较快,控制精度可满足使用要求。

11.2.2 控制信号流程

上位机使用应用软件(如 MATLAB 等)对用户给定的方程进行计算,然后将计算结果发送给上位机软件。单片机组成的小型嵌入式系统负责电机的实时控制。首先单片机接收来自上位机软件的控制信息,然后对三个电机进行控制,进而实现平台的三(二)维运动。对于需要耗费较大的 CPU 与内存开销的计算环节,则要采用微机完成。而单片机组成的小型嵌入式系统则负责电机的实时控制。使用微机可充分利用其应用软件(如 MATLAB)的强大计算功能对所有方程进行计算,然后将计算结果通过上位机通信软件发送给单片机,单片机根据接收到的控制信息对电机进行控制。信号控制流程如图 11-7 所示。

图 11-7 信号控制流程图

用户给出方程 $x(t)$,$y(t)$,$z(t)$ 后经 MATLAB 计算,输出单片机引脚电平翻转时定时器在 x,y,z 三个方向累积中断次数序列 $Mx(k)$,$My(k)$,$Mz(k)$,并保存为文件。上位机软件读取文件并经串口将三个序列依次发送给单片机,单片机接收数据后进行解析,分离出三路控制信号,根据控制信号产生相应的脉冲,输出方向控制电平,实现对三台电机的实时控制。

11.2.3 系统电路方案

整个电子线路系统包括四部分:PC 机、85C52 单片机、驱动器和控制电机。电子线路连接原理为:PC 机与 85C52 单片机之间通过 TxD、RxD 和共地线三条数据线连接;选择 85C52 单片机通用 I/O 口 P1 和 P2 与驱动器直接相连,驱动器输入部分 CP 为控制脉冲输入,DI

235

为方向控制信号输入,GA 为使能信号输入,RE 为报警信号输入;驱动器输入交流 220V 电源,输出端 A、B、C 接步进电机三相绕组。

序列 $Mx(k)$,$My(k)$,$Mz(k)$ 由 MATLAB 软件计算,系统主要由上位机通信软件和下位机组成。此外,还需要考虑运动是否超过螺旋传动轴,防止平台与轴端挡板相撞造成机械损坏。系统设计结构如图 11-8 所示。

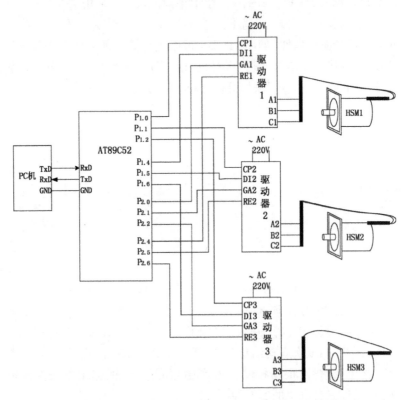

图 11-8　基于单片机的三台步进电机控制电子线路原理

11.3　上位机软件系统

上位机软件用于人机交互,用户通过该软件可实现所有操作,如图 11-9 所示。双击右侧图片进入主操作界面,如图 11-10 所示。

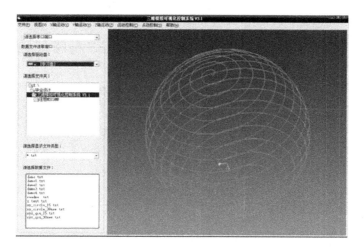

图 11-9　上位机软件工作界面

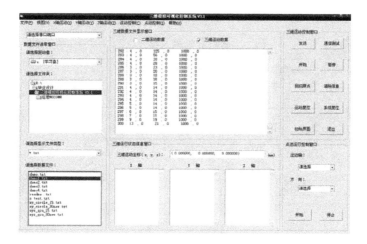

图 11-10　主操作界面

主界面分为菜单栏、串口端口选择、数据文件读取窗口、三维数据文件显示窗口、三维运动状态信息窗口、点进运动控制窗口。

选择串口端口,若为台式机一般选择"com1";若使用笔记本电脑则需要查看 USB 转串口软件设置,根据设置选择串口端口。点击"通信测试"按钮,若显示"通信正常"则进行下一步操作;否则需检查串口线是否正确连接,下位机是否上电。

选择数据文件,双击后数据文件加载到"三维数据文件显示窗口"。

加载完毕后,单击"发送"→"开始"。电机开始运动,"三维运动坐标(x,y,z)"窗口实时显示坐标。

点击"暂停"可使运动暂停,点击"开始"则恢复运动。

完成一次轨迹运动后,点击"系统复位",开始下一次轨迹运动操作。

11.3.1　数据文件

数据文件读取窗口用于读取 MATLAB 输出的数据,数据为$Mx(k),My(k),Mz(k)$序列。数据输入格式见表 11-1。表中符号表示机械平台沿轴运动的方向,0 表示负方向,1 表示正方向。

表 11-1　　　　　　　　数据文件输入格式

$Mx(k)$	符号	$My(k)$	符号	$Mz(k)$	符号
500	0	8	0	25	0
167	0	8	0	25	0
100	0	8	0	25	0
710	0	8	0	25	0
560	0	8	0	25	0

11.3.2　轨迹运动

给定三维或二维曲线方程$x(t),y(t),z(t)$后,由 MATLAB 计算提供运动数据文件,平台按该轨迹运行。上位机软件可方便地实现任意曲线运动的模拟。

11.3.3　点进运动

手动控制平台在选择运动轴和方向后运动,使之停留在某个需要的位置。该控制方式无需提供数据文件,只需在"点进运动控制窗口"中选择运动轴和运动方向。

11.4 下位机设计

11.4.1 单片机最小系统

单片机选用 85C52,该款单片机能满足研发的需要,具有很好的可靠性,且成本较低。89C52 单片机拥有 3×8 个 IO 口,3 个定时器,两个外部中断,一个串口通信模块,可满足一般使用要求。外部时钟采用常用的晶体振荡器,晶体振荡器工作稳定可靠,精度很高,可满足系统的要求。单片机最小系统如图 11-11 所示。

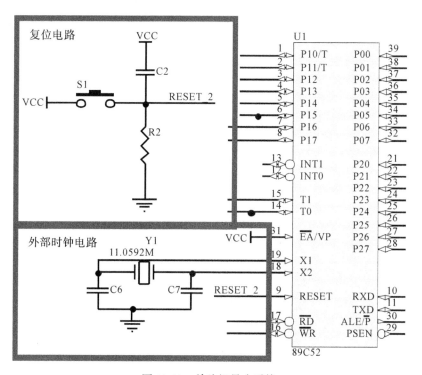

图 11-11　单片机最小系统

11.4.2　串口通信模块

由于下位机与微机的通信为短距离通信,且对波特率要求不是很高,因此选用 RS232 串行通信总线。模块包括 MAX232 芯片和 9 针 D 形插座,如图 11-12 所示。

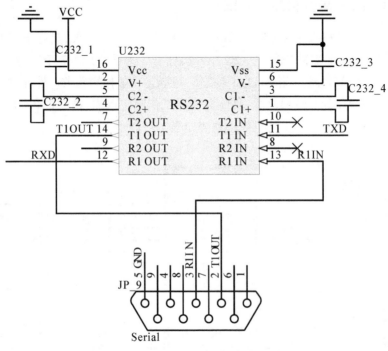

图 11-12　串口通信电路

11.4.3　控制信号驱动电路

由于单片机输出的信号驱动能力有限,为保证控制信号可靠地驱动步进电机控制器,且防止单片机引脚输出过大电流引发 CPU 工作不稳定,需要驱动电路改善控制信号的输入输出性能。控制信号驱动电路如图 11-13 所示。

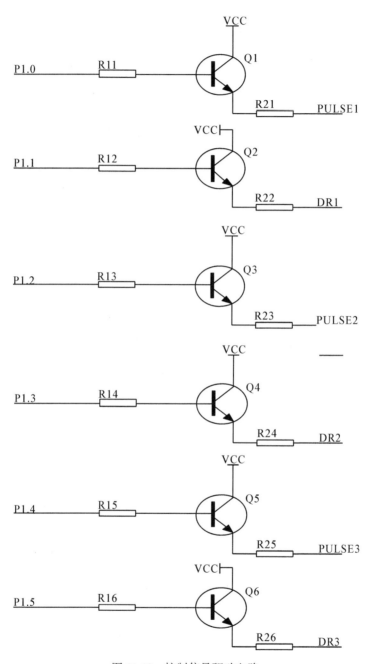

图 11-13 控制信号驱动电路

11.4.4　安全检测电路

安全检测电路用于实时检测运动是否超出传动轴范围,避免平台与轴端挡板相撞造成机械损坏。在每个轴的轴端挡板内侧安装微动开关,当平台运动到轴端时会触动开关,开关电路输出低电平。6个开关信号经 6 输入与非门输出信号触发单片机外部中断,在外部中断函数中对 6 个开关电路进行扫描查询,检测出发生触碰的轴端,使相应的电机停车并将信息上传给上位机。图 11-14 中 IN1-IN6 分别与单片机 2 的 P1 口相连,INT0_2 与单片机 2 的外部中断引脚INT0 相连。

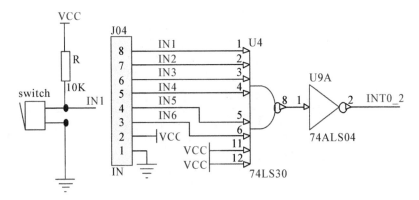

图 11-14　安全检测电路

11.4.5　软件设计

由于该三维运动实时控制系统的下位机为小型嵌入式系统,实现的功能简单,因此对单片机的空间和时间开销较少。且由于开发环境的编译效率较高,因此选用 C 语言编写该下位机的控制程序,这样缩短了开发周期,增加了程序的可读性和可移植性。

下位机控制程序下载到单片机的 FLASH 程序存储器中,CPU通过执行程序使 IO 口按设计的逻辑关系依次输出控制电平。其程序结构如图 11-15 所示。

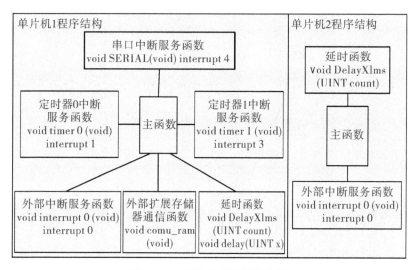

图 11-15　单片机程序结构框图

11.5　变形模拟实验

11.5.1　GNSS 基本性能测试

以 x 轴运动方程 $x(t) = \cos(t)$ 为例,轨迹与时间数字化如图 11-16 所示。

图 11-16 中时间片的时间设为 0.1s,在每个时间片的起始时刻(如图中 $t = 2.7$s)计算出该时间片内的轨迹变化 Δx,并进行数字化处理。

令 $N(k) = [\Delta x/\lambda]$,$N(k)$ 称为步数,即单片机输出 $N(k)$ 个脉冲可使平台沿 x 轴运动 Δx 的距离。单片机通过累加定时器中断次数确定时间,使引脚电平翻转产生脉冲驱动步进电机,因此需要计算出每次电平翻转的时间间隔 $T(k)$,显然

$$T(k) = \frac{\Delta t}{N(k) \cdot 2} \tag{11-1}$$

243

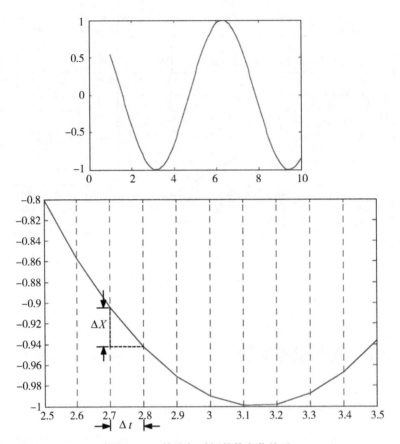

图 11-16 轨迹与时间的数字化处理

设定时器产生一次中断的周期为 τ，则当累加次数达到 $M(k)$ 时改变相应的引脚电平，其中，

$$M(k) = \frac{T(k)}{\tau} \qquad (11\text{-}2)$$

整理得，

$$M(k) = \frac{\Delta t \cdot \lambda}{2 \cdot \Delta x \cdot \tau} \qquad (11\text{-}3)$$

其中，$\Delta t, \lambda, \tau$ 为设定的常数，$\Delta x = x(t+1) - x(t)$，$x(t)$ 为给定方

程。得出 $M(k)$ 后,控制器只需通过定时器累加中断次数便能实现电机的实时控制。

在 MATLAB 中通过编写 M 文件,生成驱动数据文件。

参数值如下:

时间片: $\Delta t = 0.1s$

机械传动系数: $\begin{cases} kx = -80 \\ ky = -(200/7) \\ kz = -20 \end{cases}$

单片机的计时周期: $\tau = 0.0001s$。如图 11-17 所示,在 M 文件编辑窗口中输入变形体运动函数方程和运动时间,运动时间以秒为单位,方程计算结果以 mm 为单位。方程输入应写成 $stepx1 = x(t+1) - x(t)$ 的形式。例如: $x(t) = 1.7\sin(2\pi 0.174t)$,则应输入"$stepx1 = 1.7\sin(2\pi 0.174 \cdot (t+1)) - 1.7\sin(2\pi 0.174 \cdot t)$"。$Y$、$Z$ 轴类似。若只需某个轴的运动,则静止的轴方程输入"0"。完成后可输入要保存的文件名如:demo1,点击运行后,生成数据。根据物理结构与构筑物固有频率分析,模拟出井筒变形函数如下:

图 11-17　MATLAB 中 M 文件

$$x1 = 1.7 \cdot \sin(2 \times 3.14 \times 0.174 \times t)$$
$$y1 = 1.0 \cdot \sin(2 \times 3.14 \times 0.205 \times t)$$
$$z1 = 12.9 \cdot \sin(2 \times 3.14 \times 0.088 \times t)$$

　　野外实验如图 11-18 所示,采用卡尔曼滤波对 GPS 采集的模拟变形数据进行对比分析(图 11-19（a）~（c）)。

图 11-18　动态变形矢量模拟实验台

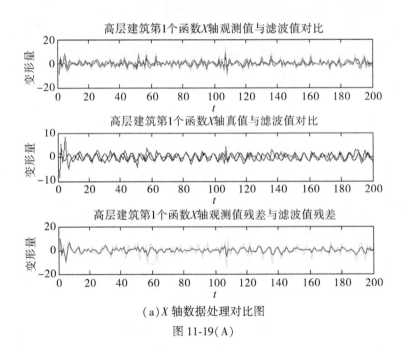

（a）X 轴数据处理对比图

图 11-19（A）

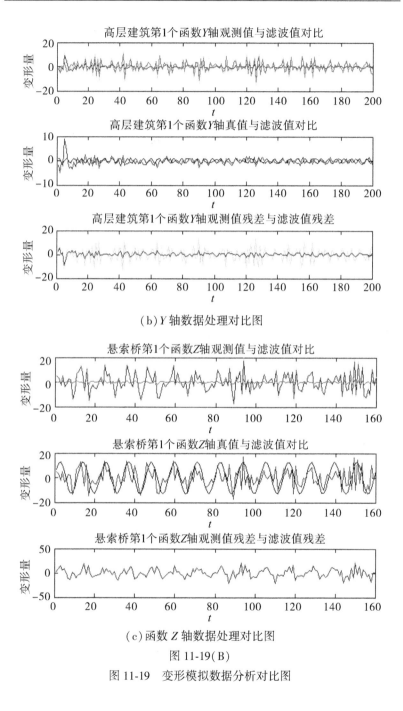

（b）Y轴数据处理对比图

（c）函数 Z 轴数据处理对比图

图 11-19（B）

图 11-19 变形模拟数据分析对比图

11.5.2　GPS/加速度计变形监测实验

　　试验时间为 2010 年 3 月 19 日,在中国矿业大学文昌校区进行。通过计算机编程控制 GPS 天线作变形运动,采用 Leica GPS 动态测量控制台,坐标设置为 WGS-84,坐标转换后得三维坐标,获取的变形数据如图 11-20 所示,加速度计监测得到的部分变形数据如图 11-21 所示。

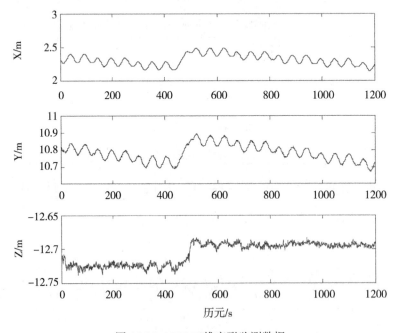

图 11-20　GPS 三维变形监测数据

　　对 Z 方向的 GPS 变形数据进行卡尔曼滤波处理,得到滤波变形数据如图 11-22 所示。对 Z 方向加速度数据进行阈值去噪处理,小波消噪运用的小波函数是"db3",5 层分解,选取合适的阈值消噪后小波重构,得到消噪后的信号如图 11-23 所示。

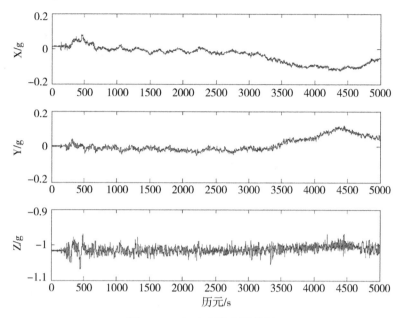

图 11-21 加速度计监测数据

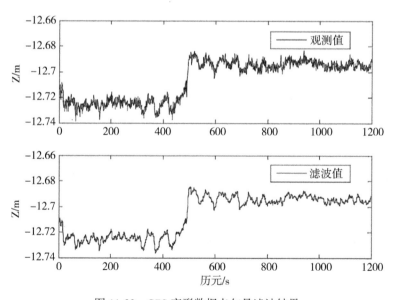

图 11-22 GPS 变形数据卡尔曼滤波结果

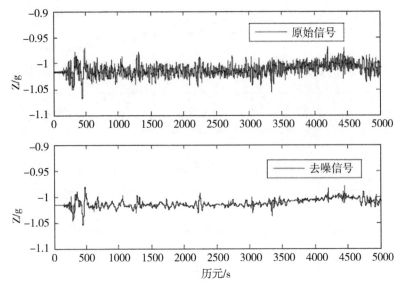

图 11-23　加速度信号小波去噪结果

11.6　本章小结

本章详细介绍了井筒变形实验系统,并给出系统控制电路、上位机、下位机等的设计方案,该平台制造成本低,操作简单,可方便地模拟任意三维运动。上位机软件具有良好的人机交互功能,操作直观便捷,为井筒复杂变形的模拟提供了可行的方案。

参 考 文 献

[1]卢振龙,卢国斌. 矿井监测监控概述[J]. 煤炭技术,2008,(11): 85-86.

[2]谭兴龙,王琰,王坚,等. 基于 WTLS 的井筒变形监测算法及方案 设计[J]. 煤炭学报,2014,(11):2206-2212.

[3]王正洋,陈涛,郑文华. 矿井立井井筒变形检测方法探究[J]. 矿 山测量,2016,(01):46-49+76+5.

[4]栾元重,佟文亮,仲树强. 金桥煤矿井筒变形监测技术的探 讨[J]. 矿山测量,2000,(04):13-15.

[5]栾元重,栾元凤,孙其美,等. 矿山立井井筒精密变形测量系统的 研制[J]. 建井技术,2000,(02):21-23+40.

[6]王同孝,靳奉祥,独知行,等. 矿山井筒三维变形监测方法[J]. 矿 山测量,1999,(01):4-6+27.

[7]于志龙,独知行,狄桂栓,等. 双激光基准在井筒变形监测中应用 的研究[J]. 工程勘察,2014,(12):56-60.

[8]阎家光. 光纤传感器在煤矿井筒监测系统中的应用[J]. 自动化 与仪器仪表,2016,(12):63-64.

[9]隋惠权,苏仲杰,刘文生. 立井罐道测斜仪的研制[J]. 阜新矿业 学院学报(自然科学版),1994,(04):38-41.

[10]张向东,韩云瑞,刘世君,等. 矿山立井井壁的变形预测模 型[J]. 辽宁工程技术大学学报(自然科学版),2014,(08): 1070-1073.

[11]黄明利,吴彪,刘化宽,等. 基于光纤光栅技术的井壁监测预警 系统研究[J]. 土木工程学报,2015,(S1):424-428.

[12]高井祥,郑南山,余学祥. GPS 技术在矿区井筒变形监测中的应

用[J]. 全球定位系统,2001,(04):45-49.

[13]谭建平,林波,刘溯奇,等. 基于组合导航的超深矿井提升容器状态监测系统[J]. 中国惯性技术学报,2016,(02):185-189.

[14]王坚,郝敬良,高井祥,等. 基于精密水准测量的井塔水平位移研究[J]. 矿山测量,2002,(04):5-6+8-4.

[15]Schäfer T, Weber T, KyrinovičP, et al. Deformation measurement using terrestrial laser scanning at the hydropower station of gabčíkovo[C]. INGEO 2004 and FIG Regional Central and Eastern European Conference on Engineering Surveying Bratislava, Slovakia, November 11-13, 2004.

[16] Tsakiri M, Lichti D, Pfeifer N. Terrestrial laser scanning for deformation monitoring[J].3rd IAG/12th FIG Symposium,Baden, May 22-24,2006.

[17]Armesto J, Roca-Pardiñas J, Lorenzo H, et al. Modelling masonry arches shape using terrestrial laser scanning data and nonparametric methods[J]. Engineering Structures,2010,32(2):607-615.

[18]靳奉祥,王同孝,独知行.变形观测中的模式识别问题[J].中国有色金属学报,1997,7(3):18-21.

[19]戴吾蛟,丁晓利,朱建军,等. 基于经验模式分解的滤波去噪法及其在GPS多路径效应中的应用[J]. 测绘学报,2006,35(4):321-327.

[20]武艳强,江在森,杨国华. 最小二乘配置方法在提取GPS时间序列信息中的应用[J].国际地震动态,2007,(7):99-103.

[21]王坚,高井祥,曹德欣,等. 动态变形信号二进小波提取模型研究[J]. 中国矿业大学学报,2007,36(1):116-120.

[22]李旋,戴吾蛟,陈永奇,等. 基于小波变换的GPS动态变形分析[J]. 测绘科学,2008,33(6):55-56,58.

[23]张安兵,张兆江,高井祥,等. GPS用于矿区沉陷区地表高精度动态监测的可行性研究[J].煤炭学报,2009(10):1322-1327.

[24]Leach M,Hyzak M. GPS structural monitoring applied to a cable-stayed suspension bridge[C]. Proc.,Int. Federation of surveyors,

（FIG）XX Congress, Commission 6. Mel-bourne, Australia, 1994.

[25] Lovse J W, Teskey W F, Lachapelleg, etal. Dynamic deformation monitoring of a tall structure using GPS technology[J]. Journal of Surveying Engineering. 1995, 121(1):35-40.

[26] Clement Ogaja, Chris Rizos, Jinling Wang. Toward the implementation of on-line structural monitoring using RTK-GPS and analysis of results using the wavelet transform[C]. The 10th FIG International Symposium on Deformation Measurements. 2001:284-293.

[27] K. Vijay Kumar, Kaoru Miyashita, Jianxin Li. Secular crustal deformation in central Japan based on the wavelet analysis of GPS time-series data. Earth Planets Space. 2002.54(2):133-139.

[28] Dai W, Bin L I U, Ding X, et al. Modeling dam deformation using independent component regression method [J]. Transactions of Nonferrous Metals Society of China, 2013, 23(7): 2194-2200.

[29] Chan W S, Xu Y L, Ding X L, et al. An integrated GPS-accelerometer data processing technique for structural deformation monitoring[J]. Journal of Geodesy, 2006, 80(12): 705-719.

[30] Brown R G, Hwang P Y. Introduction to random signals and applied Kalman filtering [M]. 3rd ed. New York: John Wiley & Sons, 1997.

[31] 邓兴升,王新洲. 动态神经网络在变形预报中的应用[J]. 武汉大学学报(信息科学版),2008,33(1):93-96.

[32] Jian W, Tan X, Han H, et al. Short-term warning and integrity monitoring algorithm for coal mine shaft safety[J]. Transactions of Nonferrous Metals Society of China, 2014, 24(11): 3666-3673.

[33] 尹晖,周晓庆,张晓鸣. 非等间距多点变形预测模型及其应用[J]. 测绘学报,2016,(10):1140-1147.

[34] Willsky A S. A survey of design methods for failure detection in dynamic systems[J]. Automatica, 1976, 12(6): 601-611.

[35] Mertikas S P, Rizos C. On-line detection of abrupt changes in the carrier-phase measurements of GPS[J]. Journal of Geodesy, 1997,

71(8)：469-482.

[36]杨元喜.自适应动态导航定位[M].北京:测绘出版社,2006.

[37]王坚.滑坡灾害遥感遥测预警理论及方法[D].徐州:中国矿业大学,2006:91.

[38]胡云生,郑继明.基于主分量分析和遗传神经网络的电力负荷预测[J].控制理论与应用,2008,27(8):1-3.

[39]陈丹,李京华,黄根全,等.基于主分量分析的声信号特征提取及识别研究[J].声学技术,2005,24(1):39-42.

[40]李金凤,杨启贵,徐卫亚.神经网络模型在面板坝堆石体施工期沉降变形预测中的应用[J].河海大学学报,2007,35(5):563-566.

[41]Packard N H,Grutchfield J P,Farmer J D,Shaw. Geometry from a Time Series[J]. R S. Phys Rev Lett,1980,45(9):712.

[42]Takens F. Detecting strange attractors in turbulence[J]. Lecture Notes in Math,1981,898:361-381.

[43]吕勇,李友荣,徐金梧. 加权相空间重构降噪算法及其在设备故障诊断中的应用[J].机械工程学报,2007,47(7):158-161.

[44]修春波,刘向东,张宇河.相空间重构延迟时间与嵌入维数的选择[J].北京理工大学学报,2003,23(2):219-224.

[45]Takens F. Detecting strange attractor in turbulence [J].Lecture Note in Mathematics,1981,898(2):361-381.

[46]吕金虎,陆君安,陈士华. 混沌时间序列分析及其应用[M].武汉:武汉大学出版社,2000.

[47]王坚,高井祥,郑南山.基于小波理论的沉降监测数据序列分析[J].大地测量与地球动力学.2005,24(4):63-69.

[48]冉启文.小波变换与分数傅里叶变换理论与应用[M].哈尔滨:哈尔滨工业大学出版社,2001,148-152.

[49]Mallat S G. A Theory for multi-resolution signal decomposition:the wavelet representation[J].IEEE Trans PAMI,1989(117).

[50]王建鹏. 矿山变形灾害监测相关理论及模型研究[D]. 北京:中国矿业大学,2010.

［51］王坚. 滑坡灾害遥感遥测预警理论及方法［M］. 北京：中国矿业大学出版社,2010.

［52］刘超,王坚,胡洪,等. 动态变形监测多路径实时修正模型研究［J］. 武汉大学学报:信息科学版,2010(4):481-485.

［53］Huang N E,Shen Z,Long S R,Huang,N.E.,et al.. The empirical mode decomposition and the Hilbert Spectrum for nonlinear and non-stationary time series analysis. Proc. R. Soc. Lond. A 454, 903-995［J］. Proceedings of the Royal Society A Mathematical Physical & Engineering Sciences,1998,454(1971):903-995.

［54］Yu D,Cheng J,Yang Y. Application of EMD method and Hilbert spectrum to the fault diagnosis of roller bearings［J］. Mechanical Systems & Signal Processing,2005,19(2):259-270.

［55］Coughlin K T,Tung K K. 11-Year solar cycle in the stratosphere extracted by the empirical mode decomposition method ［J］. Advances in Space Research,2004,34(2):323-329.

［56］王坚,高井祥,王金岭,等. 基于经验模态分解的 GPS 基线解算模型［J］. 测绘学报,2008,37(1):10-14.

［57］戴吾蛟,丁晓利,朱建军,等. 基于经验模式分解的滤波去噪法及其在 GPS 多路径效应中的应用［J］. 测绘学报,2006,35(4):321-327.

［58］文鸿雁. 基于小波理论的变形分析模型研究［D］. 武汉:武汉大学,2004.

［59］王坚,高井祥,孙祥中. GPS 单历元形变信号的小波降噪［J］. 测绘科学,2004,29(1):24-25.

［60］钟萍,丁晓利,郑大伟,等. Vondrak 滤波法用于结构振动与 GPS 多路径信号的分离［J］. 中南大学学报:自然科学版,2006,37(6):1189-1194.

［61］Vondrák J. Problem of smoothing observational data II［J］. Bulletin of the Astronomical Institutes of Czechoslovakia,1977,28(2):84.

［62］秦长彪. 基于 GPS 与加速度计的桥梁结构振动频率研究［D］. 北京:中国矿业大学,2016.

［63］El-Sheimy N,Hou H,Niu X. Analysis and modeling of inertial sensors using Allan variance［J］. IEEE Transactions on Instrumentation and Measurement,2008,57(1)：140-149.

［64］Titterton D,Weston J L. Strapdown Inertial Navigation Technology［M］. IET,2004.

［65］Ali J,Ushaq M. A consistent and robust Kalman filter design for in-motion alignment of inertial navigation system［J］. Measurement, 2009,42(4)：577-582.

［66］Hwang J,Yun H,Park S K,et al. Optimal methods of RTK-GPS/accelerometer integration to monitor the displacement of structures［J］. Sensors,2012,12(1)：1014-1034.

［67］Tikhonov A N. Numerical methods for the solution of ill-posed problems［M］. Berlin：Springer,1995.

［68］Lee H S,Hong Y H,Park H W. Design of an FIR filter for the displacement reconstruction using measured acceleration in low - frequency dominant structures ［J］. International Journal for Numerical Methods in Engineering,2010,82(4)：403-434.

［69］Ding W. Optimal Integration of GPS with Inertial Sensors：Modelling and Implementation［D］. Sydney：The University of New South Wales,2008.

［70］董绪荣. GPS/INS 组合导航定位及其应用［M］. 北京：国防科技大学出版社,1998.

［71］Shao Y. Observability and performance analysis of integrated GPS/INS navigation systems［D］. Minnesota：The University of Minnesota,2006.

［72］Wendel J,Trommer G F. Tightly coupled GPS/INS integration for missile applications［J］. Aerospace Science and Technology,2004, 8(7)：627-634.

［73］Yang Y. Tightly coupled MEMS INS/GPS integration with INS aided receiver tracking loops［D］. Calgary：University of Calgary, 2008.

［74］Hirokawa R,Ebinuma T. A low-cost tightly coupled GPS/INS for small UAVs augmented with multiple GPS antennas[J]. Navigation, 2009,56(1): 35-44.

[75] Dyrud L, Woessner B, Jovancevic A, et al. Ultra-tightly coupled GPS/INS receiver for TSPI applications [J]. Proc. IEEE/ION GNSS, Fort Worth, TX, USA, 2007: 2563-2572.

[76] Babu R, Wang J. Ultra-tight GPS/INS/PL integration: a system concept and performance analysis [J]. GPS Solutions, 2009, 13 (1): 75-82.

[77] Sun D. Ultra-tight GPS/reduced IMU for land vehicle navigation[D]. Calgary: University of Calgary, 2010.

[78] 王坚,岳广余,孟凡涛. GM(1,1)模型在沉降预报中的应用[J]. 测绘,2003,26(2):79-81.

[79] 吴建生,金龙,农吉夫. 遗传算法 BP 神经网络的预报研究和应用[J].数学的实践与认识,2005,35(1):83-88.

[80] LAO-Sheng LIN. Application of a back-propagation artificial neural network to regional grid-based geoid model generation using GPS and leveling data [J]. Journal of Surveying Engineering, 2007: 81-89.

[81] 李敏强,寇纪松,等. 遗传算法的基本理论及应用[M].北京:科学出版社,2002.

[82] GOLDBERG D E. Genetic algorithms in search optimization and machine learning [M]. New York: Addison-Wesley Publishing Company, INC.1989.

[83] 战国科.基于人工神经网络的图像识别方法研究[D].北京:中国计量科学研究院,2007.

[84] 陈霞, 王远飞.基于 GA-BP 算法的多分辨遥感影像融合技术[J].遥感技术与应用,2007,22(4):555-559.

[85] Gao Jingwei, Zhang Peilin. Ferrographic image recogntion based on BP-GA algorithm[J].ISTM/2003.

[86] Suykens JAK, Vandewalle J.Least squares support vector machine classifiers[J].Neural Processing Letters,1999,9(3):293-300.

［87］田玉刚,罗书明,王新洲,等. 基于最小二乘支持向量机回归的 GPS 高程转换模型［J］.测绘工程,2007,16(4):18-21.

［88］吕金虎,陆君安,陈士华. 混沌时间序列分析及其应用［M］.武汉:武汉大学出版社,2002.

［89］张玉祥,王玉浚,陆士良,等.巷道围岩非线性时空演变神经元网络预报模型［J］. 中国矿业大学学报.1997,26(4):7-13.

［90］李迪,李亦明,张漫.堆积体滑坡滑带启动变形分析［J］. 岩石力学与工程学报,2006,10(25)2:3379-3384.

［91］许强,汤明高,徐开祥,等.滑坡时空演化规律及预警预报研究［J］. 岩石力学与工程学报,2008,27(6):1104-1112.

［92］游波,蔡志明.累积和检验算法应用于主动声呐检测时的性能［J］. 海军工程大学学报,2009,21(6):80-89.

［93］Page, E. S, Continuous inspection schemes［J］. Biometrika, 1954 (41):1-2,100-115.

［94］王坚,刘超,高井祥,等. 构筑物变形短期预警与完备性监测算法研究［J］. 武汉大学学报(信息科学版),2011,36(6):660-664.

［95］S. P. Mertikas, C. Rizos. On-line detection of abrupt changes in the carrier-phase measurements of GPS［J］. Journal of Geodesy, 1997 (71): 469±482.